RESTAURATION ET CONSERVATION

DES

TERRAINS EN MONTAGNE

PARIS. — TYPOGRAPHIE A. HENNUYER, RUE DARCET, 7.

RESTAURATION ET CONSERVATION

DES

TERRAINS EN MONTAGNE

LOI DU 4 AVRIL 1882

PAR

L. TASSY

Ancien inspecteur général des forêts.

PARIS

J. ROTHSCHILD, ÉDITEUR

13, RUE DES SAINTS-PÈRES, 13

1883

RESTAURATION ET CONSERVATION

DES

TERRAINS EN MONTAGNE

LOI DU 4 AVRIL 1882.

HISTORIQUE
ET CONSIDÉRATIONS GÉNÉRALES.

Quand on réfléchit aux moyens de régler cette grande entreprise de la restauration des terrains en montagne, quels sont les principaux objectifs qui se présentent naturellement et logiquement à l'esprit? — Il y en a trois :

1° Réparer les dégradations qui se sont déjà produites;

2° Empêcher qu'il ne s'en produise de nouvelles ;

3° Assurer l'exécution des mesures reconnues nécessaires, dans ce double but, par des ressources budgétaires suffisantes.

Pour réparer les dégradations, tout le monde est d'avis qu'il faut consolider, reboiser, ou gazonner les parties plus ou moins déclives des montagnes.

Pour prévenir de nouvelles dégradations, tout le monde est d'avis qu'il faut réglementer la jouissance des pâturages, attendu que c'est l'abus de cette ouissance qui est la cause de tout le mal.

Pour assurer l'exécution des mesures reconnues nécessaires, tout le monde est d'avis qu'il faudra beaucoup d'argent.

Mais l'accord cesse, à propos des dispositions législatives que comporterait la réalisation de ces trois *desiderata*.

Les auteurs de la loi du 28 juillet 1860 furent surtout préoccupés de réparer le mal, et ils crurent qu'on y parviendrait en reboisant les pentes tout à fait dégradées. Des subventions leur parurent un bon moyen, pour amener les propriétaires (particuliers ou communes) à exécuter ce travail sur leurs propres terrains. Cependant, pour éviter tout mécompte dans les localités ravagées par les torrents, ils donnèrent à l'administration le droit : 1° de faire déterminer par le conseil d'État, après une enquête administrative, les périmètres des terrains dont la consolidation serait urgente ; 2° d'exercer, dans l'intérieur de ces périmètres, pour les propriétés communales, l'autorité dont elle a été investie par le Code forestier, pour les forêts soumises au régime forestier, et même de mettre ces propriétés en défens ; 3° d'exproprier, par l'application de la loi du 3 mai 1841, les particuliers qui ne voudraient pas restaurer eux-mêmes leurs terrains, sauf à les leur rétrocéder, quand elle les aurait consolidés, s'ils étaient en mesure de lui rembourser ses dépenses ; 4° de restaurer, également à ses frais, les terrains communaux, sauf à retenir la moitié de ces terrains pour se couvrir de ses avances, si les communes ne pouvaient les lui rembourser, mais à condition que ces communes conserveraient, en tout cas, le droit au parcours, même dans la partie de la propriété dont elles auraient été dépossédées.

Enfin, pour assurer les moyens d'exécution, la loi en question mit à la disposition de l'administration un crédit de 10 millions de francs, à dépenser en dix ans, à titre d'essai.

Cette loi était défectueuse, non pas à cause du caractère spoliateur qu'on lui a reproché bien à tort selon moi — je crois l'avoir démontré dans mon travail (1) sur une autre loi relative au même objet, votée par la Chambre des députés en 1877 — mais par des raisons plus sérieuses.

Les espérances fondées sur les travaux facultatifs étaient chimériques — l'expérience ne tarda point à le prouver — et, d'un autre côté, on reconnut, dès qu'on mit la main à l'œuvre, que la restauration des terrains ruinés serait illusoire, si l'on ne prenait pas des mesures de conservation pour les autres. Aussi, qu'arriva-t-il ? — Il arriva qu'au lieu de ne comprendre, dans les périmètres où devait se renfermer l'action de l'administration, que les terrains ravagés, disloqués, tout à fait dénudés, on fut amené à y comprendre des terrains qui étaient encore plus ou moins gazonnés.

De là naquirent des récriminations très vives : on protesta surtout contre l'article de la loi, par le-

____

(1) *Restauration des montagnes.* Loi présentée au Sénat. Rothschild, éditeur.

quel l'État s'attribuait une partie des terrains communaux, si les propriétaires ne lui remboursaient ses avances ; mais ce n'était pas cependant ce qui mécontentait le plus les populations. Ce qui les mécontentait le plus, c'était la restriction apportée par la même loi au parcours ; c'était la transformation en bois de leurs pâturages. Sur ce point, on ne put réussir à vaincre leur opposition.

Alors, survint la loi du 24 mars 1864, qui autorisa l'administration forestière :

1° A remplacer, autant que possible, par des gazonnements, les reboisements prévus dans la précédente loi de 1860 ;

2° A donner des indemnités, pour privation de jouissance, mais à titre gracieux, dans le cas où les terrains seraient mis en défens.

Cette nouvelle loi soumit au régime forestier, non seulement les parcelles communales qui auraient été gazonnées par les soins de l'État, mais aussi celles que les propriétaires auraient gazonnées eux-mêmes, à l'aide de subventions.

Enfin, elle diminua sensiblement la partie de la propriété que l'État aurait le droit de retenir, dans le cas où les communes ne pourraient lui rembourser ses dépenses.

Pour l'exécution de ladite loi, un nouveau crédit de 5 millions de francs fut accordé à l'administration forestière, toujours à titre d'essai.

On espérait que cette loi du 24 mai 1864 mettrait un terme aux réclamations des populations pastorales. Il n'en fut rien, et cela se comprend : elle ne rendait pas à ces populations la libre et entière jouissance de leurs pâturages ; or, cette jouissance était leur objet principal.

Que faire en présence de cette persévérante résistance? M. le directeur général des forêts, M. Faré, voulut en finir une bonne fois et, pour cela, il n'y alla pas par quatre chemins : il proposa une loi, adoptée depuis par la Chambre des députés, loi un peu embrouillée, mais qui tendait certainement à réduire positivement l'action de l'État aux terrains improductifs déjà disloqués, aux berges, aux *lèvres* des torrents ; et à affranchir les communes de toute tutelle, relativement à la jouissance de leurs pâturages.

Les subventions pour travaux facultatifs étaient maintenues, et devaient même recevoir une grande extension.

L'administration des forêts était |investie par cette loi, qui en cela surtout différait des lois antérieures, du droit d'exproprier, pour cause d'utilité publique, les terrains dont la restauration aurait été jugée urgente, par suite de dangers *nés et actuels.* Les propriétaires en conservaient la libre jouissance jusqu'à ce que l'État en eût payé le prix. Toutefois, l'administration avait la faculté de les mettre en défens pendant dix ans, avant d'en faire l'acquisition ; mais à la condition expresse d'allouer une indemnité aux propriétaires, pour les dédommager de l'interruption de leur jouissance.

Après ce délai de dix ans, si les terrains n'étaient pas acquis par l'État, les propriétaires en devaient reprendre l'entière et libre jouissance, à moins qu'ils ne consentissent eux-mêmes à les soumettre au régime forestier.

Pour les terrains où les travaux de restauration auraient reçu un commencement d'exécution, l'État devait, dans un délai de dix-huit mois, au plus, désigner définitivement les parcelles qu'il aurait jugé à propos d'acquérir, et en payer le prix en dix annuités, celles non échues portant intérêt à 5 pour 100.

Les communes propriétaires desdits terrains avaient, du reste, la faculté de les laisser sous l'empire des anciennes lois.

Quant aux dépenses à faire pour l'exécution de cette dernière loi, il ne vint à l'idée de personne d'en parler.

J'ai exposé, dans la brochure spéciale mentionnée plus haut, les résultats des lois des 28 juillet 1860 et 24 mai 1864, et j'ai indiqué les points sur lesquels la loi votée par la Chambre des députés, sur l'initiative du directeur général des forêts, me paraissait mauvaise.

J'ai reproché à cette dernière loi de ne vouloir mettre dans la main de l'État que les terrains tout à fait ruinés, tandis qu'elle affranchissait les autres de toute tutelle efficace.

J'ai fait observer qu'il était bien bizarre d'espérer que, par des subventions, on amènerait les communes à restaurer les terrains dont la conservation importerait à l'intérêt général, lorsqu'on n'était même pas parvenu à arrêter leurs plaintes, au moyen des indemnités qui leur étaient allouées par la loi du 24 mai 1864, pour privation temporaire de leur jouissance.

J'ai insisté principalement sur les inconvénients du silence gardé par la loi, au sujet des ressources pécuniaires qui seraient mises à la disposition de l'administration forestière, pour l'acquisition des terrains dégradés.

« On veut exclure, ai-je dit encore en terminant, la réglementation des pâturages, du nombre des moyens propres à assurer la conservation des terrains en montagne. — Soit, mais alors qu'on rende l'État propriétaire, non pas seulement des pentes déjà ravinées, disloquées, mais encore de toutes celles que menace le même sort ; et qu'on alloue les crédits nécessaires — et cela mènera loin — pour que l'administration forestière s'en empare sans délai ; sinon, le mal causé incessamment par les torrents, gagnera de vitesse le bien qui résultera des travaux de consolidation. »

Que ce soit à la suite de ces observations ou pour d'autres raisons, la loi de M. Faré ne fut pas présentée au Sénat. On lui en proposa une autre qui, après avoir fait la navette plus d'un an, entre le Sénat et la Chambre des députés, a enfin abouti au texte que l'on trouvera à la fin de la présente étude.

Quand on considère cette nouvelle loi dans son ensemble, on ne saurait méconnaître qu'elle laisse d'abord quelque chose à désirer, quant à la rédaction, mais comme je ne veux pas m'exposer à des représailles qui seraient trop faciles, je n'insisterai pas sur ce point-là.

Il y aurait pourtant encore beaucoup à dire sur ces mots : *nés et actuels*, que j'ai déjà critiqués (1), et par lesquels la loi caractérise les dangers qui, seuls, pourront justifier l'acquisition des terrains par l'État. Le tribunal qui aurait à interpréter cette locution archaïque, empruntée, sans doute, au vieux style juridique, serait quelque peu embarrassé.

L'Académie, de son côté, éprouverait quelque étonnement, en présence de l'extension donnée au sens du mot *périmètre*, que la loi applique non pas au contour, mais à la contenance des terrains, et même — ce qui est plus grave — à une somme de contenances n'ayant entre elles aucun point de contact.

Mais cette loi pèche notamment par la méthode, en ce sens que la distinction établie dans l'article 1ᵉʳ, entre les travaux de restauration et les mesures de protection, n'est pas toujours observée dans les articles suivants ; en ce sens aussi, qu'elle contient une troisième partie intitulée *Dispositions transitoires*, dans laquelle il y a des dispositions, comme celles relatives à la surveillance des forêts communales, qui ne seront pas transitoires ; en ce sens, enfin, que rien n'y indique l'étroite solidarité qui existe entre les opérations visées par les trois titres dont elle se compose.

La méconnaissance de cette solidarité a amené, comme on va le voir, de regrettables complications.

(1) Voir ma brochure.

Dans le titre Ier, il est traité exclusivement de la restauration des terrains tout à fait dégradés, et il est dit que ces terrains tout à fait dégradés feront l'objet d'une reconnaissance ; puis, qu'ils seront expropriés en vertu d'une loi, après enquête.

Dans le chapitre Ier du titre II, relatif aux terrains qu'on pourra se contenter de mettre en défens, il est prévu que ces terrains seront reconnus au fur et à mesure des exigences, et déterminés par le conseil d'État, après une enquête semblable à la précédente, mais qui ne se confondra point avec elle.

Dans le chapitre II du même titre, il est dit qu'il sera fait, par les soins de l'administration forestière, un relevé de tous les pâturages communaux, qui devront être soumis à la réglementation.

Ainsi, trois enquêtes ou reconnaissances distinctes et séparées pour les parcelles qui, à des titres divers, réclameront l'intervention du gouvernement ; et ces reconnaissances pourront se superposer les unes aux autres, de sorte qu'il sera fort difficile, sinon impossible, d'en apprécier les résultats d'une manière claire sur un plan d'ensemble !

N'eût-il pas été plus rationnel de décider qu'il serait procédé à la reconnaissance et à la délimitation de la zone dans laquelle les propriétés communales ou privées pourraient être, pour cause d'utilité publique, soit expropriées par l'État, soit mises en défens, soit assujetties à la réglementation, sauf à arrêter ensuite les formalités à suivre pour assurer l'exécution de la loi dans chacun de ces cas ?

A ces observations, je me permettrai d'en ajouter encore trois qui me sont suggérées : l'une, par ce que dit la loi, et les autres, par ce qu'elle ne dit pas.

Je veux parler d'abord de l'excessive préoccupation, qu'accuse cette loi, de ne pas mécontenter les populations pastorales. Cette préoccupation, dont je montrerai plus tard les conséquences, est manifeste dans la composition des commissions d'enquête, instituées soit pour l'appréciation des travaux à faire et la désignation des terrains à exproprier, soit pour les mises en défens. On a renforcé dans ces commissions l'élément local, qui ne saurait être favorable ni aux expropriations, ni aux mises en défens, à moins qu'elles ne procurent un grand bénéfice aux propriétaires ; elle est manifeste dans la libéralité avec laquelle la loi a accordé des indemnités, pour interruption de jouissance, à ces mêmes propriétaires; elle l'est encore dans la disposition (art. 4) qui leur permet de se soustraire à l'expropriation, même quand elle aura été ordonnée par le Parlement; elle l'est surtout dans l'insuffisance des moyens dont disposera l'administration forestière, pour maintenir le parcours dans les limites raisonnables, ainsi que dans les charges qui incomberont à l'État, pour la surveillance des forêts ou des pâturages situés dans les montagnes.

Je veux parler ensuite de l'oubli de la loi, quant aux dispositions pénales applicables aux infractions qui pourraient être commises sur les terrains compris dans les périmètres. Parmi ces terrains, il y en aura sans doute qui ne seront pas dans les conditions voulues, pour être soumis au régime forestier? à quel régime les soumettra-t-on?

Je veux parler enfin du silence tout à fait extraordinaire que garde la loi en question, au sujet des dépenses qu'entraînera son exécution.

Quelle est l'étendue au moins approximative des terrains qu'il convient d'exproprier? Que coûtera l'expropriation de ces terrains? A quel chiffre pourront s'élever les indemnités, par suite de la mise en défens? A combien se monteront les frais qu'occasionnera au Trésor la création d'un personnel assez nombreux, pour surveiller efficacement les terrains mis en défens, les forêts communales ou d'établissements publics et les pâturages?

Aucune de ces questions n'a même été effleurée dans l'exposé et dans la discussion du projet de loi.

Je me propose de prouver, en la discutant titre par titre, que si, en théorie, cette loi est meilleure que celle qu'avait adoptée la Chambre des députés, parce qu'elle reconnaît l'utilité de la réglementation des pâturages, là où le danger n'est pas encore *né et actuel*, elle ne vaut pas mieux au point de vue pratique, parce que l'hommage qu'elle rend à la réglementation des pâturages, est purement platonique.

Je n'ai rien à ajouter à ce que j'ai dit de l'article 1ᵉʳ de la loi, à propos de son défaut de concordance avec les développements qui le suivent, et j'aborde le titre Iᵉʳ.

DISCUSSION DES ARTICLES.

TITRE Ier.

RESTAURATION DES TERRAINS EN MONTAGNE.

Le titre Ier est celui qui imprime à la loi nouvelle son originalité, en appliquant à tous les terrains à restaurer, quels qu'en soient les propriétaires, le principe de l'expropriation pour cause d'utilité publique, principe que les lois antérieures n'avaient admis que pour les terrains des particuliers. C'est là une heureuse innovation ; mais il est à craindre que les dispositions dont elle a été l'objet, ne soient pas de nature à la rendre bien féconde.

Désormais, d'après l'article 2, l'utilité publique des travaux ne pourra être déclarée que par une loi, tandis qu'autrefois elle pouvait l'être par un décret rendu en conseil d'Etat ; et c'est également le Parlement qui fixera le périmètre des terrains sur lesquels les travaux devront être exécutés.

Un débat s'est engagé, à ce sujet, au Sénat, entre plusieurs sénateurs et M. le sous-secrétaire d'Etat Girerd, celui-ci demandant que le conseil d'Etat ne fût pas dépouillé, quant à la déclaration d'utilité publique des travaux de restauration des montagnes, du droit que lui avaient conféré les lois des 28 juillet 1860 et 24 mai 1864, et qu'on lui conserve dans la [nouvelle loi, pour la mise en défens des terrains.

M. Girerd, à l'appui de son opinion, alléguait les lenteurs que comporterait l'obligation de recourir au Parlement, toutes les fois qu'il y aurait un morceau de terrain à exproprier.

Cette raison n'était pas bien fondée, car rien n'empêchera l'administration forestière de comprendre, dans le même projet de loi, tous les terrains qu'elle jugera utile de restaurer dans une région donnée. Il ne paraît pas excessif, d'un autre côté, qu'il appartienne au Parlement de statuer sur le caractère d'utilité publique des travaux à faire ; ce qui est excessif, semble-t-il du moins, c'est qu'il lui appartienne également d'arrêter la situation, l'étendue et les limites de toutes les parcelles dont ces travaux nécessiteraient l'acquisition. La loi, en lui donnant une telle prérogative, n'a-t-elle pas empiété sur le pouvoir exécutif? En tout cas, elle a livré à l'humeur changeante des assemblées délibérantes, le sort d'une opération dont le succès dépend de l'unité et de la stabilité, qui régneront dans les vues de l'autorité directrice.

Pour faire saisir par un exemple frappant combien on s'est éloigné dans l'espèce des règles suivies, jusqu'alors, pour la séparation des pouvoirs publics, en étendant comme on l'a fait, les attributions du Parlement, je citerai les articles du Code forestier et de l'ordonnance réglementaire rendue pour son exécution, qui se rapportent au défrichement des bois. Les articles du Code se bornent à énumérer et à définir les circonstances dans lesquelles les défrichements ne pourront être effectués. Ainsi, par exemple, le défrichement est interdit lorsqu'un bois est utile, pour protéger le sol contre les érosions, pour conserver des sources, pour maintenir les terres sur les pentes. Voilà ce que dit la loi. C'est d'ailleurs au ministre, le conseil d'Etat entendu, qu'il est réservé de décider si les intérêts, que la loi a voulu sauvegarder, seraient compromis par le défrichement demandé, et l'on ne comprendrait pas qu'une telle décision fût du ressort du Parlement. Ce sont cependant des faits analogues que les auteurs de la loi sur la restauration des montagnes, ont cru devoir soumettre à l'appréciation de nos assemblées parlementaires !

C'est là, selon moi, le vice principal de l'article 2 de ladite loi, vice d'autant plus inexplicable qu'on ne le rencontre pas dans la loi d'expropriation pour cause d'utilité publique, dont l'application est motivée par les autres travaux d'intérêt général. Cette dernière loi, promulguée le 3 mai 1841, vise deux choses qu'elle distingue nettement : 1° le principe, c'est-à-dire la question de savoir si les travaux projetés ont un caractère d'utilité publique ; 2° l'application de ce principe, c'est-à-dire la question de savoir quels sont les terrains dont l'achat sera nécessaire, pour l'exécution desdits travaux.

La première question est résolue par le Parlement, la seconde par l'administration. Chacune d'elles comporte une enquête spéciale préalable :

l'enquête spéciale, en ce qui concerne la question de principe, a pour unique objet de faire connaître au public la nature et le but des travaux à entreprendre, la région dans laquelle ils seront exécutés, et de recueillir les objections qu'ils pourraient soulever au point de vue de leur utilité.

L'autre enquête porte sur la désignation des terrains dont l'acquisition, par l'Etat, serait indispensable à l'exécution des travaux, et, alors, la loi prescrit toutes les formalités désirables, pour que les parties intéressées puissent exposer leurs prétentions, sauf à l'administration à en tenir le compte qu'elle jugera convenable, et au préfet à clore l'enquête par un arrêté de cessibilité.

Tout cela est rationnel et d'accord avec les dispositions que je rappelais plus haut, relativement aux défrichements. Or, dans la nouvelle loi sur la restauration des montagnes, les deux enquêtes distinctes prévues par la loi du 3 mai 1841, ont été confondues en une seule, et cette enquête unique devra précéder la déclaration d'utilité publique. C'est d'après cette enquête, je le répète, que le Parlement aura à statuer, non pas seulement sur le caractère d'utilité publique des travaux à faire, mais sur la situation et l'étendue des terrains qui pourront être expropriés. Il lui sera donc permis de refuser à l'administration d'exproprier telle ou telle parcelle, au mépris peut-être des exigences techniques qui en justifieraient l'acquisition par l'Etat.

C'est le Parlement, en un mot, qui devra prendre en réalité l'arrêté de cessibilité des terrains, lequel arrêté, d'après la loi du 3 mai 1841, rentre dans les attributions du préfet.

On a bien le droit de concevoir quelques inquiétudes, quand on songe aux conséquences de telles prérogatives parlementaires. Se figure-t-on la Chambre des députés d'abord, et après elle le Sénat, appelés à examiner, parcelle par parcelle, l'étendue et les limites des terrains dont l'acquisition sera nécessaire, pour l'exécution des travaux, reconnus préalablement par eux, comme ayant un caractère d'utilité publique; se les figure-t-on discutant si l'administration ne demande pas trop, en demandant tant d'hectares, forcés de se livrer à des appréciations techniques en dehors de leur compétence, et autorisés par suite à bouleverser l'économie d'un projet de restauration, par la radiation d'un certain nombre de parcelles ou portions de parcelles, sur le tableau des expropriations proposées ?

Et qu'on ne dise pas que ces inquiétudes sont chimériques. Pour s'assurer qu'elles ne sont au contraire que trop fondées, il n'y a qu'à voir comment devra être composée la commission d'enquête, dont l'avis est certainement appelé à peser d'un grand poids sur les délibérations du Parlement. Parmi les membres de cette commission, il n'y en a que trois : le préfet, l'agent forestier et l'ingénieur des ponts et chaussées ou des mines, qui ne soient pas les représentants des intérêts, nécessairement étroits, de la région où les travaux et par conséquent les expropriations devront avoir lieu. Il faut donc s'attendre à une résistance très vive de la part de la

majorité de ladite commission, quand des projets de
l'administration tendront — et ce sera le cas le plus
fréquent — à diminuer l'étendue des terrains aban-
donnés au parcours.

Les auteurs de la nouvelle loi semblent vraiment
avoir pris à tâche d'augmenter la part d'influence,
que les lois de 1860 et de 1864 avaient accordée aux
communes propriétaires des terrains à restaurer,
au sujet du régime à appliquer à ces terrains.

Cette part d'influence avait sa raison d'être —
comment n'y a-t-on pas songé? — sous l'empire des
lois précitées : Il s'agissait, pour l'administration forestière, non pas d'exproprier, au moins immédiatement, les terrains, mais seulement de les occuper ;
il s'agissait non pas de séparer l'intérêt de l'Etat de
celui des communes propriétaires, dans les travaux
à exécuter ; mais de les concilier, de les associer.
Les communes étaient regardées comme les coo-
pératrices de l'administration des forêts, dans l'entreprise projetée. Il était naturel dès lors qu'elles
fussent directement ou indirectement appelées à dis-
cuter, avec les représentants de l'autorité publique,
l'opportunité des mesures à prendre. La nouvelle
loi vise à créer une situation bien différente : elle
ne regarde plus les communes comme devant être
les associées de l'administration ; elle veut séparer
leurs intérêts de celui de l'Etat ; elle les place dans
la catégorie des gens que celui-ci, seul juge de
la question d'utilité publique, veut exproprier, n'im-
porte dans quel but ; elle ne leur devait pas d'autres garanties que celles dont jouissaient déjà les

2

citoyens, en matière d'expropriation pour cause d'utilité publique.

On ne s'est donc pas soucié des anomalies qui pourront être mises en évidence par le maintien dans cette nouvelle loi, de toutes les formalités prescrites par la loi du 28 juillet 1860 ! Voilà l'administration des ponts et chaussées qui, pour le chemin de fer de Gap à Briançon, par exemple, a des terrains communaux à exproprier ; il lui est loisible de mener rondement et sûrement les choses, en appliquant la loi du 3 mai 1841. L'administration des forêts, au contraire, quand il s'agira d'exproprier des terrains de même nature, pour des travaux de consolidation à faire dans la même région, devra s'astreindre à une procédure spéciale qui pourra non seulement ralentir son action, mais encore l'embarrasser ; et ce qui est particulièrement à noter : c'est que cette procédure, on la lui impose non seulement pour les communes, mais aussi pour les simples particuliers. Les lois antérieures n'étaient pas tombées dans cette erreur manifeste : elles laissaient au moins les particuliers soumis au droit commun.

Ce qui est encore à noter : c'est que la loi, en statuant du même coup sur l'utilité publique des travaux à faire, et sur la désignation des terrains nécessaires à leur exécution, place l'administration forestière dans l'impossibilité de choisir son heure pour les expropriations, et ne lui permet pas d'y renoncer, dans le cas où elle rencontrerait des exigences trop onéreuses pour le Trésor.

Les entraves apportées à l'expropriation, pour

cause d'utilité publique, des terrains à restaurer, montrent que ce n'est qu'à contre-cœur que le Parlement a admis qu'on pourrait recourir à ce moyen, pour assurer la restauration des terrains en montagne. S'il restait quelque doute à cet égard, il serait dissipé par le second paragraphe de l'article 4 de la loi, paragraphe où il est dit que les propriétaires conserveront la propriété de leurs terrains « s'ils parviennent à s'entendre avec l'État, avant le jugement d'expropriation, et s'engagent à exécuter dans le délai à eux imparti (*sic*) avec ou sans indemnités, aux clauses et conditions stipulées entre eux, les travaux de restauration qui leur seront indiqués, et à pourvoir à leur entretien, sous le contrôle et la surveillance de l'administration forestière. »

Aucune sanction, en cas de manquement à cet engagement, n'ayant été prévue dans le projet de loi, le droit d'expropriation pour cause d'utilité publique, que ce projet confère à l'État, aurait pu être considéré comme à peu près illusoire ; et ainsi se serait évanoui l'avantage principal que la législation, votée par le Parlement, semblait avoir sur celle qui régissait auparavant la restauration des montagnes, si le Conseil d'Etat n'avait cherché à donner à cet article 4 la sanction que la loi lui a refusée : — Le décret rendu pour l'exécution de ladite loi reconnaît à l'administration le droit de fixer telles conditions qu'elle jugera convenables, et celui aussi de prononcer la déchéance, à une époque quelconque, sur la simple constatation faite par le conservateur des forêts ou son délégué, de la non-exécution, ou de la mauvaise exécution, ou du défaut d'exécution des travaux.

En supposant que l'introduction, dans un contrat entre l'État et un propriétaire, de cette clause de déchéance, non prévue par la loi, ne fût pas excessive en droit, elle serait exorbitante en fait, si la partie contractante avec l'État était une commune.

Ne serait-ce pas, en effet, une chose exorbitante que d'autoriser un conseil municipal, corps dont la composition est essentiellement temporaire et variable, à compromettre, par sa négligence à remplir certaines obligations, les intérêts des générations futures de cette commune même ?

Est-ce que les communes, d'ailleurs, ne sont pas placées sous la tutelle du gouvernement? Est-ce qu'il serait compréhensible que le gouvernement, leur tuteur, vînt les punir, pour avoir manqué à des engagements qu'il aurait pu d'office les obliger à remplir? Je sais bien qu'en ce temps d'aspirations autonomistes, on oublie volontiers que les communes sont mineures. Faut-il les en plaindre ou les en féliciter? — Je ne sais ; ce qui est certain, c'est qu'elles sont mineures, et que le conseil d'État les a traitées comme si elles ne l'étaient pas

Voilà des réflexions oiseuses, dira-t-on, parce qu'il est improbable qu'aucune commune consente jamais à exécuter les coûteux travaux qu'exigera la restauration de son terrain.

Cette objection serait fondée, si le même article 4 n'avait point permis à l'État d'accorder des indemnités pour ces travaux. Il le lui a permis et l'objection tombe par cela même.

Il est donc à prévoir que l'occasion de prononcer la déchéance dont il s'agit se présentera, et il est à prévoir aussi que cette déchéance ne pourra être appliquée sans soulever les plus vives protestations. Alors comment fera-t-on pour se tirer d'embarras? L'État remplacera-t-il par des subventions les fonds refusés par un conseil municipal, pour l'exécution ou l'entretien des travaux dont la commune aura consenti à se charger, moyennant une subvention de l'État? Après avoir subventionné les travaux de premier établissement, celui-ci entretiendra-t-il ces travaux à ses frais, et la commune n'aura-t-elle que les avantages de la propriété sans en avoir les inconvénients? Cela pourrait bien arriver.

TITRE II.

CONSERVATION DES TERRAINS EN MONTAGNE.

CHAPITRE Ier. — *De la mise en défens.*

Il est évident que, armée par l'article 7 de ce chapitre, de la faculté de requérir la mise en défens des terrains dégradés, l'administration, pourvu qu'on fît toujours droit à sa réquisition, pourrait rétablir l'ordre et la stabilité dans nos montagnes.

Malheureusement la mise en défens a été assujettie à des conditions singulièrement restrictives ;

Elle devra être prononcée par décret rendu en conseil d'État.

Ce décret sera précédé d'un enquête conforme à celle prévue pour l'expropriation.

La mise en défens donnera toujours lieu à une indemnité en faveur des propriétaires, et cette indemnité, quand il s'agira d'une commune, sera, pour une part, affectée aux besoins communaux, et, pour le surplus, distribuée aux habitants.

Enfin, dans le cas où l'État voudrait prolonger le maintien de la mise en défens au-delà de dix ans, il devra acquérir les terrains, s'il en est requis par les propriétaires.

Je dirai tout à l'heure ce que je pense de l'autorité accordée au conseil d'État.

Je me bornerai à regretter, pour l'enquête, l'influence prédominante que l'élément local pourra exercer sur ses résultats.

Je vais tout de suite examiner, parce que c'est la plus grave, la disposition relative à l'indemnité pour interruption de jouissance, et je terminerai par une courte observation sur les conditions de prolongation de la mise en défens.

C'est incidemment que le droit à l'indemnité, pour les propriétaires, dans le cas de mise en défens, a été introduit dans la loi : il en est fait mention dans le dernier paragraphe de l'article 8, comme d'une chose convenue, tandis qu'il n'y est fait aucune allusion dans les articles précédents.

Il est dit dans ce paragraphe : qu'en cas de désaccord sur le chiffre de l'indemnité, il sera statué par le conseil de préfecture, sauf recours au conseil d'État.

Les auteurs du projet de loi pensaient donc que la mise en défens pourrait toujours donner lieu à une indemnité en faveur des propriétaires ! Quant à moi, je pense que l'indemnité, au moins pour les communes, devrait être facultative.

Je l'ai déjà fait observer dans ma brochure relative à la loi votée par la Chambre des députés, mais je dois le répéter ici, puisque personne ne paraît avoir attaché d'importance à ce côté de la question :

Si le principe de l'indemnité, à raison de la suspension de jouissance infligée par l'État à un propriétaire, dans l'intérêt public, se justifie quand ce propriétaire est un simple particulier, il n'en est pas de même quand ce propriétaire est une commune — et pourquoi ? — Parce qu'un simple particulier qui abuse de sa propriété, au point même de la stériliser à jamais, use cependant d'un droit dont on ne saurait le priver sans dédommagement, tandis qu'une commune qui abuse de la sienne, au détriment des générations futures, agit contrairement à son droit; de sorte que l'État, son tuteur, ne lui doit rien, lorsque le remède qu'il a le devoir d'apporter aux conséquences d'une jouissance excessive, est motivé par l'intérêt même de la propriété. Non, il ne lui doit rien, et s'il lui donne quelque chose, ce ne peut être qu'à titre gracieux.

En méconnaissant la distinction à faire entre les particuliers et les communes, nos représentants ont créé un précédent qui me semble des plus compromettants pour les intérêts du Trésor et pour la gestion des forêts communales.

Désormais, en effet, les communes pourront logiquement se prévaloir de ce précédent, pour qu'on les indemnise également quand on mettra en défens, non pas seulement leurs terrains, plus ou moins gazonnés, situés en dehors de leurs forêts, mais aussi ceux compris dans ces mêmes forêts. Où est, en effet, la différence entre les deux cas? Serait-elle par hasard dans cette circonstance, que la dégradation de leurs pâturages non soumis au régime forestier est fâcheuse, non seulement pour elles, mais aussi pour la société tout entière ; et doit-on les indemniser pour les empêcher de se ruiner, par cette seule raison qu'en se ruinant elles ruinent les autres ? — Cela ne serait pas soutenable, et voilà cependant à quelles énormités pourrait aboutir la condition, à laquelle le Parlement a subordonné la mise en défens des terrains communaux.

Qu'on ne se le dissimule pas : pour si peu que l'administration se montrât faible dans le règlement de l'indemnité en question, cette indemnité aurait bien vite le même effet qu'une prime d'encouragement à la jouissance abusive des pâturages, qu'ils soient dans les forêts ou hors des forêts, et à la jouissance abusive des forêts elles-mêmes ; car la loi ne dit pas que la mise en défens ne s'appliquera pas aux terrains boisés comme aux autres.

Les montagnards sont gens avisés : ils comprendront tout de suite le parti qu'ils pourront tirer de leur droit à une indemnité, en cas de mise en défens.

« A la bonne heure, se diront-ils, nous ne risquons plus rien à surcharger nos pâturages de bestiaux, puisque lorsque nous les aurons épuisés, l'État se chargera de les régénérer, sans que nous ayons à subir pour cela une diminution de revenu ». Voilà ce qu'ils se diront, et ce ne sera pas la réglementation des pâturages, prévue par le chapitre ii du titre II de la loi, qui les gênera beaucoup dans leurs desseins.

Un mot maintenant sur la destination qui devra être donnée à l'indemnité. On veut qu'il en soit fait deux parts : l'une, représentant la perte causée à la commune par la suspension de l'exercice de son droit d'amodier les pâturages, sera affectée aux besoins communaux ; l'autre, représentant on ne dit pas quoi, sera distribuée aux habitants.

On admet donc que, outre la perte causée aux membres d'une commune, considérés *ut universi*, par la mise en défens des biens qu'ils possèdent à titre collectif, il y en aura toujours une autre qu'ils subiront, considérés *ut singuli !* Mais, cependant, s'il se présentait une commune qui n'aurait qu'une manière de profiter de ses pâturages : celle qui consisterait à les amodier au plus offrant et dernier enchérisseur, et si on lui allouait une indemnité égale au prix qu'elle retire ordinairement de cette amodiation, où découvrirait-on un fondement quelconque pour un supplément d'indemnité en faveur des habitants ?

La distribution de ce supplément d'indemnité aux membres d'une commune, ne constituerait-elle pas

d'ailleurs une dérogation bien étrange au mode de
gestion des intérêts communaux ? On s'explique, à
la rigueur, que certains produits des propriétés
communales, destinés à être consommés en nature
par les habitants eux-mêmes, soient partagés entre
eux. Il en est ainsi du bois de chauffage, dit *bois
d'affouage :* c'est un objet de première nécessité ;
le législateur a pensé qu'il convenait d'en assurer
la possession, par une livraison directe, aux pauvres
gens qui, autrement, seraient peut-être obligés de
s'en passer. On s'explique cela encore une fois ;
mais, qu'après avoir touché l'équivalent en argent
d'un produit communal quelconque, un conseil municipal soit autorisé à le distribuer aux habitants,
comme le gérant d'une société financière distribue
des dividendes, n'est-ce pas anormal ?

Et puis, d'après quelles bases se fera le partage
de l'indemnité ? Tous les habitants en bénéficieront-
ils, même ceux qui n'ont pas de bestiaux ni les
moyens d'en acheter ? Ce n'est pas probable, car
les pauvres diables qui sont hors d'état de jouir des
pâturages, ne seront pas atteints dans leurs intérêts
par la mise en défens. Il est donc à présumer que
ladite indemnité sera partagée entre les propriétaires, au prorata du nombre des têtes de bétail
qu'ils faisaient paître sur le bien commun. Oh ! mais
alors, le Parlement pourra se vanter d'avoir jeté
un ardent brandon de discorde dans le monde pas-
toral. Si les prolétaires de ce monde-là se résignent
aujourd'hui à voir les riches jouir presque seuls des
pâturages communaux, parce que, pour le faire, ils

ont de l'argent à avancer, des risques à courir et une certaine surveillance, qui leur prend du temps, à exercer, il est à prévoir qu'ils n'auront pas la même philosophie, quand ils verront que, sans avance d'argent, sans risques et sans soucis aucuns, ces mêmes riches reçoivent l'équipollent du profit qu'ils retiraient des pâturages.

Je n'insisterai pas davantage sur les défauts que présentent, à mes yeux, les dispositions du projet de loi, voté par le Parlement, relativement à la mise en défens, et je déclare, après tout, que je n'attache à mes observations qu'une importance secondaire. Que l'État se condamne, pour accomplir la restauration des montagnes, à des sacrifices qu'en bonne justice il pourrait s'épargner, ce n'est point ce qui nous touche, nous autres forestiers, pourvu que l'argent consacré à ces sacrifices superflus, ne soit pas retranché de celui qu'exigeront les sacrifices utiles. La loi que nous sommes en train d'apprécier offre-t-elle, à cet égard, les garanties désirables ? c'est ce que nous verrons plus tard.

Constatons, avant de passer au chapitre II, qu'en enlevant aux préfets le droit de statuer sur la mise en défens, et en transportant ce droit au conseil d'Etat, cette loi a diminué le danger de voir la mise en défens devenir une machine à battre monnaie, au profit des communes, avec l'argent du Trésor public.

Il est extrêmement probable, en effet, que les membres du conseil d'Etat seront plus fermes con-

tre les exigences des communes, que ne l'eussent
été les préfets, qu'on se représente communément
comme étant par essence les défenseurs les plus
autorisés, les plus compétents, des intérêts généraux
du pays.

Qui ne sait, en effet, parmi les fonctionnaires publics, que les mesures d'intérêt public ne trouvent
pas toujours l'appui désirable chez MM. les préfets,
et que, si on supprimait demain l'action des chefs
de service des administrations spéciales, dans les
affaires où les intérêts de l'Etat sont engagés, ces
intérêts seraient moins protégés contre toutes les
convoitises individuelles ou communales. Depuis le
premier empire, les préfets ne sont guère que des
agents politiques. Leur objectif, c'est d'amener des
élections favorables au gouvernement, c'est de faire
aimer ce gouvernement dans leur département ; et
on juge de leur mérite par les succès qu'ils obtien-
nent à cet égard. Telle est la vérité : la République
n'a rien changé à cette situation, et on s'explique
par là que, dans toutes les branches de l'administration publique, quand il s'agit de décider entre les
intérêts généraux et les intérêts locaux, les chefs
de services spéciaux soient ordinairement du côté
des premiers, et les préfets trop souvent, du côté
des seconds.

On ne le redira jamais assez : si les richesses fo-
restières de la France ont été amoindries ; si les
communes n'ont plus en général que de chétifs
taillis à la place de leurs futaies séculaires ; si leurs
quarts en réserve eux-mêmes ont été épuisés ; si

les moutons et les chèvres continuent à transformer
le sol forestier en landes, pâtis ou bruyères ; si l'en-
lèvement des feuilles mortes n'a cessé de s'ajouter
à toutes les autres causes de destruction, le désir
des préfets de ne pas faire d'ennemis au gouvernement y est pour beaucoup.

Mais, il n'en est pas moins vrai que si, au bout de
dix ans, l'Etat veut maintenir la mise en défens, il
devra acquérir les terrains, *s'il en est requis par les
propriétaires*. Cela signifie, sans doute, que l'Etat ne
pourra acheter un terrain qu'avec le consentement
du propriétaire, et que, si ce consentement lui fait
défaut, il continuera de payer une indemnité au
propriétaire, pour éviter qu'il ne détruise son bien.

Se représente-t-on l'Etat payant des rentes perpétuelles aux propriétaires des pâturages, pour qu'ils
n'en abusent pas ; et le Parlement a-t-il bien réflé-
chi à une éventualité de ce genre, quand il a créé le
droit à l'indemnité pour interruption de jouissance ?

Examinons maintenant le chapitre ii, destiné non
plus à réparer les désastres, mais, ce qui serait
mieux, à les conjurer.

CHAPITRE II. — *De la réglementation des pâturages
communaux.*

« La dépaissance a été placée par votre commission sur la même ligne que le déboisement ; on peut
même dire que c'est peut-être là la cause principale
du mal dont nous souffrons ; il est difficile de s'ex-

pliquer comment, jusqu'à présent, elle a pu être re-
léguée au dernier plan...

« La cupidité des communes, il faut bien le reconnaître, a donné aux abus de la dépaissance un
caractère particulier d'acuïté. »

Voilà ce qu'on lit dans le rapport sur la restauration des montagnes, présenté au Sénat par l'honorable M. M... (séance du 1ᵉʳ juillet 1880).

Et plus bas, le même sénateur s'écrie, pour justifier la réglementation des pâturages :

« Ne suffit-il pas du plus vulgaire bon sens pour
comprendre que quand un édifice est en ruine, si
l'on veut rebâtir les parties qui sont tombées, il faut
commencer par consolider celles qui sont encore
debout ? »

Telles sont les idées qui ont inspiré les dispositions, relatives à la réglementation des pâturages.

Ces dispositions mettront-elles une barrière,
comme l'espèrent leurs auteurs, à la cupidité des
communes, et détruiront-elles les abus dont l'honorable sénateur des Basses-Alpes déplorait l'acuïté ?

Hélas ! disons-le tout de suite : de toutes les illu-
sions, dont la loi que nous discutons contient les
nombreux témoignages, la plus forte et la plus in-
concevable est celle que dénotent les mesures
prescrites pour la réglementation des pâturages.

En effet, est-ce que les préfets n'ont pas déjà le
droit et le devoir d'user, pour les pâturages communaux, de l'autorité dont ils ont été pourvus par
la loi du 18 juillet 1837, pour tous les biens communaux en général ?

Est-ce qu'ils ne peuvent pas annuler les règlements établis par les communes, pour ces pâturages?

Est-ce qu'il n'y a pas des officiers de police judiciaire, ayant qualité pour constater les contraventions à ces règlements ?

Est-ce qu'il n'y a pas des commissaires de police, des maires et des juges de paix, pour poursuivre et punir ces contraventions ?

Tout cela est dans nos lois.

Quels résultats a-t-on obtenus ?

Aucun, et il est chimérique de croire qu'il suffira de répéter, dans la loi relative à la restauration des montagnes, des dispositions contenues déjà dans nos codes, pour que :

Les conseils municipaux, dont les membres sont en général les plus grands propriétaires de bestiaux, cessent de préparer des règlements de pâturage sans conséquence ;

Pour que les préfets craignent moins de mécontenter ces conseils municipaux ;

Pour que la constatation des contraventions soit plus efficace ;

Pour que les commissaires de police, les maires et les juges de paix apportent plus de rigueur dans la poursuite des contrevenants, et soient plus sévères dans l'application des faibles peines prévues par le Code pénal.

Voyons le titre III.

TITRE III.

DISPOSITIONS TRANSITOIRES.

L'administration forestière a fait déterminer environ 220 périmètres, contenant en tout, à peu près 140 000 hectares, dans lesquels elle a pu exécuter des travaux de consolidation, mettre en défens les pâturages ravinés, et, même, régler la jouissance de ceux qui étaient encore intacts, en les soumettant au régime forestier.

Que deviendraient les résultats de ces travaux et de ces mesures de conservation, qui n'ont pas coûté à l'Etat moins de 27 à 28 millions de francs, si les lois de 1860 et 1864 étaient purement et simplement abrogées ?

La Chambre des députés a naturellement songé, comme le Sénat l'avait fait avant elle, à sauvegarder ces résultats, et c'est dans ce but qu'ont été édictées les dispositions contenues dans le titre III de la loi.

Au premier abord, et sauf, bien entendu, la question des dépenses qu'elles entraîneront, ces dispositions paraissent propres à sauvegarder, en effet, les résultats des travaux exécutés et des mesures de conservation prises dans les périmètres déjà décrétés, puisqu'elles maintiennent provisoirement à ces périmètres, le caractère d'utilité publique, et puisqu'elles accordent toute latitude à l'administration pour dresser la liste des parcelles qu'elle jugera utile d'acquérir, et pour s'entendre avec les propriétaires sur le prix d'acquisition.

Qu'on lui donne de l'argent, dira-t-on, et elle tiendra vraiment, dans ses mains, le sort des terrains dont elle a déjà pris possession.

Je n'y contredirai pas ; seulement, je ferai remarquer qu'il faut qu'on lui donne beaucoup d'argent — nous en établirons le chiffre tout à l'heure — et qu'on le lui donne sans tarder.

Elle n'a que trois ans (art. 16) pour notifier son intention d'acheter les terrains compris dans les anciens périmètres ; elle n'en a que cinq (art. 18) pour faire régler le prix de ces terrains ; elle devra tenir compte, aux vendeurs, de l'intérêt à 5 pour 100 *des sommes représentant ce prix dans les règlements à intervenir ;* et ce, à partir de l'expiration du premier délai de trois ans ; elle est autorisée (art. 21) à n'acquitter ce prix qu'en dix annuités, celles non payées portant intérêt à 5 pour 100 ; mais elle n'en sera pas moins obligée peut-être de le payer ou de le consigner en entier immédiatement, si elle veut garder ou prendre tout de suite la possession des terrains. L'article 21 lui permet sans doute de ne se libérer qu'en dix ans ; lui permet-il de s'installer sur les terrains, avant d'en avoir payé ou consigné intégralement le prix, conformément à l'article 53 de la loi du 3 mai 1841 sur l'expropriation pour cause d'utilité publique ? La négative ne paraît pas douteuse pour les terrains qui seront compris dans les périmètres à créer ; elle ne paraît pas douteuse non plus pour les terrains compris dans les anciens périmètres, quand

les parties contractantes seront des particuliers ; car
la nouvelle loi sur la restauration des montagnes n'a
pu vouloir leur faire une situation moins bonne que
celle qui leur avait été faite par les lois antérieures.

Dans tous les cas, l'administration aurait besoin
de beaucoup d'argent, pour retirer tous les avantages désirables des premières dispositions contenues
dans le titre III de la loi, et c'est là ce qu'il est
essentiel de retenir.

Les dispositions qui chargent l'Etat de faire surveiller à ses frais les forêts communales, situées
dans les montagnes à restaurer, les terrains mis en
défens et les pâturages communaux, ont été ajou-
tées au projet de loi à la dernière heure (leur inser-
tion dans le titre des dispositions transitoires le
prouve *à priori*), et se ressentent de la précipitation
avec laquelle on les a formulées.

En principe, il serait certainement très bon — je
l'ai dit moi-même plusieurs fois, et notamment
dans mes études sur l'aménagement (1) — il serait
très bon qu'il n'y eût qu'un service soldé et com-
mandé par l'Etat, pour la surveillance des forêts domaniales et communales et la constatation, la poursuite et la répression des délits et contraventions
commis dans ces forêts ; mais il pourrait en être
ainsi, sans que l'Etat fût obligé de supporter tous les
frais de surveillance des forêts communales. Le
Sénat et la Chambre des députés ont pensé que, à
raison du grand intérêt public qui s'attache à la

____

(1) *Étude sur l'aménagement des forêts.* Rothschild, éditeur.

conservation des forêts en montagne, il ne convenait pas seulement d'attribuer à l'administration le droit d'organiser le personnel de surveillance de ces forêts ; qu'il convenait encore de le lui faire payer ; et ce, sans augmenter le chiffre du remboursement imposé aux communes par l'article 106 du Code forestier. Je n'y vois aucun mal, si le ministre des finances est disposé à accepter cette nouvelle lettre de change tirée sur sa caisse.

Que les terrains mis en défens soient soumis au régime forestier pour la constatation et la poursuite des délits, cela est encore très rationnel et très utile.

Il n'en est pas de même du surcroît de besogne, que la loi a donné aux préposés domaniaux, en leur confiant la surveillance des pâturages communaux. Ici, le désir bien naturel d'épargner les deniers municipaux, aux dépens du Trésor public, me paraît avoir entraîné nos législateurs un peu trop loin.

Ce surcroît de besogne s'expliquerait, si les pâturages devaient être soumis au même régime que les terrains en défens ; si, par conséquent, l'administration forestière était investie par la loi d'une autorité réelle, soit pour la réglementation de la dépaissance, soit pour la poursuite et la répression des infractions à cette réglementation ; mais, sous tous ces rapports, son autorité devant être nulle, comme nous l'avons constaté en critiquant le chapitre II du titre II, l'obliger à organiser et à rémunérer, avec l'argent de l'Etat, un personnel de surveillance dont les procès-verbaux n'auront pas plus de valeur que ceux des gardes champêtres, c'est la charger d'une mission tout à la fois onéreuse, embarrassante et stérile :

Elle sera onéreuse, puisque l'étendue des terrains en montagne, dont il importerait d'assurer la conservation, n'a jamais été portée à moins de 1 million d'hectares.

Elle sera embarrassante si, comme il est facile de le prévoir, les bestiaux introduits dans les pâturages n'ont pas une marque qui puisse les faire reconnaître ; si le nombre des bergers est trop grand ; si chaque commune n'est pas tenue de faire agréer, pour l'exercice du parcours sur son territoire, un entrepreneur responsable, etc., etc.

Elle sera stérile par les mêmes raisons et, en outre, parce que l'administration des forêts ne pourra ni assurer la poursuite, ni requérir la répression des contraventions que ses gardes auraient constatées ; parce que, enfin, les peines prévues par le Code pénal, pour lesdites contraventions, sont dérisoires (1 franc à 5 francs d'amende, un à cinq jours de prison).

Je ne voudrais rien dire de désobligeant pour les maires et les conseillers municipaux des communes pastorales ; mais enfin personne n'ignore que ce sont souvent ces messieurs surtout, qui profitent des pâturages et qui ont contribué à les appauvrir. Or, c'est à eux qu'on demande de régler et par conséquent de restreindre l'exploitation de ces pâturages, et c'est aux maires aussi qu'on demande d'assurer la poursuite des infractions commises dans ces mêmes pâturages, car c'est aux maires, si je ne me trompe, qu'il appartient de donner suite aux procès-verbaux, en matière de simple police, et de remplir même, dans certains cas, l'office de ministère public !

Avouons qu'une telle marque de confiance envers les communes pastorales ne se concilie guère avec l'appréciation suivante de l'esprit de conservation qui les anime :

« Les communes se considèrent-elles, dit l'honorable M. M... dans son remarquable rapport (séance du Sénat, 1er juillet 1880), comme de simples usufruitiers chargés de conserver et de transmettre aux générations à venir le domaine utile de leur patrimoine ? Non ! le présent pour elles est la seule chose ; l'avenir n'existe pas. Si elles louent leurs communaux, si elles les amodient, c'est pour en retirer le prix le plus élevé sans se préoccuper des conditions à imposer aux preneurs. Si elles livrent les communaux au parcours, c'est à qui en abusera le plus. »

CONCLUSIONS.

En résumé, la loi votée par le Parlement autorise, invite même l'Etat à acquérir les terrains tout à fait dégradés et à appliquer, s'il le faut, à cette acquisition la loi d'expropriation pour cause d'utilité publique ; mais à condition, ce qui est de nature à entraver les opérations, et, dans tous les cas, à faire payer les terrains beaucoup plus cher, à condition que l'utilité publique des travaux ne pourra être déclarée que par le Parlement, auquel il appartiendra également de fixer le périmètre des terrains qui pourront être expropriés, et ceci, d'après l'avis d'une commission composée en grande partie de membres, représentant les intérêts spéciaux de la région, où les travaux de restauration devront être exécutés.

Elle permet d'ailleurs aux propriétaires d'arrêter l'expropriation de leurs terrains, par l'engagement de faire et d'entretenir les travaux projetés, engagement qui pourra désarmer l'administration, au grand préjudice du but qu'elle voudrait atteindre, puisque sa non-exécution est dépourvue de toute sanction sérieuse.

Elle persiste à accorder des subventions, malgré l'abus qui en a été fait, pour des gazonnements et des reboisements qui rentrent dans la catégorie des améliorations rurales ordinaires, des simples mises en valeur ; elle soustrait au régime forestier les terrains gazonnés à l'aide desdites subventions, et augmente ainsi les inconvénients de ce mode d'encouragement.

Elle autorise l'administration forestière à requérir la mise en défens des terrains appartenant aux communes ou aux particuliers, mais à condition d'allouer des indemnités aux propriétaires, pour l'interruption apportée à leur jouissance ; et ce, quoiqu'il soit avéré que cette interruption a été nécessitée par leur avidité et leur incurie.

Elle persiste aussi à laisser, en dehors de l'action utile de l'administration forestière et des prescriptions du Code forestier, la réglementation des pâturages communaux situés dans les régions menacées par les torrents.

Elle dispense de la déclaration d'utilité publique les travaux à faire dans les périmètres déjà décrétés; mais elle ne les en dispense que pendant trois ans, passé lesquels ces travaux perdront, on ne sait pourquoi, le caractère d'utilité publique qui leur avait été attribué jusqu'alors, et ne pourront le recouvrer que par une loi nouvelle.

Elle oblige l'administration à acheter, dans un délai de cinq ans, et à payer dans un délai de quinze ans, les terrains compris dans les anciens périmètres; et ce, sous peine de les voir retourner aux mains des propriétaires, et de perdre tous les fruits des travaux qu'elle y a faits.

Elle met à la charge de l'Etat les frais de surveillance non seulement des terrains en défens, lesquels seront comme tels soumis au régime forestier en ce qui concerne la poursuite et la répression des contraventions et des délits, mais encore les frais de surveillance d'un nombre indéterminé de forêts communales.

Elle met en outre à la charge de l'Etat les frais de surveillance des pâturages communaux, qui ne seront pas soumis au régime forestier, et pour lesquels l'administration forestière restera dépourvue de toute autorité, quant à la réglementation du parcours et à la poursuite des contraventions auxquelles cette réglementation pourra donner lieu.

Cette loi ne paraît donc pas meilleure que celle qui avait été votée par la Chambre des députés. Elle en a même aggravé certaines dispositions, et si elle l'emporte sur les lois des 28 juillet 1860 et 24 mai 1864, à cause de la substitution du droit d'exproprier les terrains à restaurer, à celui qu'avait l'Etat d'en retenir une partie, en compensation de ses avances, elle leur est inférieure au point de vue des résultats à poursuivre, parce qu'elle enlève à l'administration forestière toute autorité sur les terrains gazonnés à l'aide de subventions, et parce qu'elle lui fait supporter les conséquences des abus du pâturage, sans lui fournir aucun moyen efficace d'empêcher le renouvellement de ces abus.

Mais elle prête surtout, par-dessus tout, à la critique, parce qu'elle est absolument muette sur la question des voies et moyens.

S'il s'agissait d'une entreprise d'un faible intérêt, je comprendrais qu'on en subordonnât l'exécution aux ressources éventuelles du budget, et je comprendrais même qu'on ne lui prêtât point le concours de la loi sur l'expropriation pour cause d'utilité publique ; mais ce faible intérêt, personne ne l'admet : il y a au contraire unanimité dans les opinions, pour reconnaître que si la restauration des montagnes était menée à bonne fin, ce serait une des œuvres les plus glorieuses de notre époque. Puisqu'il en est ainsi, il ne faut pas permettre que le succès puisse en être compromis par un défaut d'équilibre dans le budget ; et, depuis longtemps déjà, on aurait dû aviser à ce que cette grande opération ne périclitât pas faute d'argent.

La loi du 28 juillet 1860 n'était qu'une loi d'essai ; ou lui avait affecté un crédit de 10 millions à dépenser en dix ans. La loi du 8 juin 1864 sur le gazonnement n'était également qu'une loi d'essai ; on la dota néanmoins d'un crédit de 5 millions. Pour les canaux, les chemins de fer, pour toutes les entreprises à longue échéance, mais impérieusement réclamées par l'intérêt général du pays, des précautions ont été prises, afin qu'elles ne fussent pas arrêtées par des embarras financiers. Il est certainement fort étrange que l'on ait cru devoir s'en dispenser dans une loi sur la restauration des montagnes

Cette négligence est d'autant plus fâcheuse que les dépenses à faire ne sont pas, comme on va le voir, de celles auxquelles il serait possible de pourvoir par des expédients consistant à rogner, au profit

du budget de l'administration forestière, les budgets
habituels des autres services. Ces dépenses absor-
beront, dans un court délai de vingt ans, près do
300 millions de francs.

Que ces messieurs du Parlement veuillent bien
faire attention à ceci :

L'allocation par avance de cette somme de 300 millions de francs ; cette allocation peut seule empêcher
que la loi qu'ils ont votée, au lieu de supprimer les
obstacles qu'a rencontrés jusqu'à ce jour la restauration des montagnes, ne les augmente au contraire,
et ne les augmente au point de compromettre à tout
jamais cette restauration. Elle est d'autant plus
indispensable que l'exercice des droits accordés à
l'administration forestière, pour l'expropriation des
terrains compris dans les anciens périmètres, est ren-
fermée dans des limites de temps très rapprochées.

Je ne me hasarderai point à indiquer un chiffre
quelconque, pour la dépense totale qu'entraînera la
restauration des terrains en montagne. On ne saurait, en effet, s'en faire une idée tant soit peu approximative, puisque l'étendue des terrains à consolider et à reboiser n'est pas même positivement
connue ; mais il a été réuni assez de documents pour
que l'on puisse conjecturer que si, d'ici à vingt ans,
on restaure 400 000 hectares, on sera encore fort
éloigné du terme de l'opération ; et c'est en adoptant
cette étendue de 400 000 hectares, comme première
base de mes calculs, que je suis arrivé, pour la
dépense à faire, dans un délai de vingt ans, au
chiffre de 300 millions à peu près.

Mes calculs reposent sur cette hypothèse, que l'achat et la restauration des terrains dégradés coûteront 700 francs par hectare, savoir : 300 francs pour l'achat et 400 francs pour la restauration.

Ce dernier chiffre est fort au-dessous de la dépense réellement faite jusqu'à présent et, pour s'en assurer, il suffit de rapprocher l'étendue (37 000 hectares) que l'administration prétend avoir déjà gazonnée ou reboisée, des 27 millions de francs qu'elle a dépensés, non compris les subventions pour les travaux facultatifs. — J'ai dû faire la part, et je l'ai faite grande, des tâtonnements et des mécomptes inévitables au début de l'œuvre.

Le chiffre relatif à l'achat des terrains est, au contraire, supérieur au prix moyen des acquisitions déjà effectuées. Il en doit être ainsi en présence de la libéralité avec laquelle les jurys d'expropriation apprécient en général les intérêts des expropriés, et l'administration devra même se tenir pour très heureuse, si, sur ce point, mes prévisions ne sont pas dépassées

Cela posé, le développement de mes calculs ne va pas prendre beaucoup de temps.

Les anciens périmètres contiennent à peu près 140 000 hectares. L'État en a acheté 10 000, il en reste 130 000. Sur ces 130 000 hectares, combien y en a-t-il qui, ne présentant pas des *dangers nés et actuels*, peuvent être rendus à leurs propriétaires ? Après avoir relu avec attention les monographies de la plupart des périmètres, j'estime que, s'il y a quelques milliers d'hectares, 5 000 au plus, à retrancher de leur contenance, pour les replacer en dehors de l'action administrative, sauf, bien entendu, la réglementation des pâturages et la mise en défens, ce sera beaucoup.

L'État n'aura donc à acquérir que 125 000 hectares et, de ce chef, il devra payer, et ce, dans un délai maximum de quinze ans, à partir du 4 avril 1882, une somme de. . . . . 37 500 000 fr.

A quel chiffre s'élèvera la dépense des travaux de consolidation et de reboisement des 135 000 hectares dont l'État sera devenu propriétaire?

L'administration porte à 37 000 hectares l'étendue déjà restaurée, et la commission chargée, à la Chambre des députés, d'examiner la loi dont il s'agit, a trouvé cette étendue déplorablement maigre (rapport de l'honorable M. Maigne).

Je crains cependant qu'elle ne soit au-dessus de la réalité. Je ne doute pas que le nombre des hectares, sur lesquels on a effectué des semis ou des plantations, ne soit en vérité de 37 000 ; mais où est la preuve que, parmi les hectares qui figurent sur les états de l'administration, il n'y en a pas qui font double emploi, en ce sens qu'y ayant été inscrits une première fois pour des travaux de premier établissement, ils y ont été inscrits une deuxième fois, pour des travaux de réfection ; et où est la preuve que les terrains, indiqués comme reboisés, le sont effectivement ?

J'avais déjà fait cette remarque dans mon travail sur la loi retirée par le gouvernement, bien qu'elle eût été adoptée par la Chambre des députés ;

mais je crois utile de la reproduire aujourd'hui.

Au surplus, acceptons comme vrai ce nombre de 37 000 hectares, il n'en resterait pas moins à peu près 98 000 hectares à restaurer dans les mêmes périmètres, et ce travail, à raison de 400 francs l'hectare, coûtera. . . . . 39 200 000 fr.

Si nous ajoutons à cette somme le prix d'achat et de restauration des 265 000 hectares nécessaires, pour parfaire le nombre de 400 000 hectares à restaurer en vingt ans, à moins qu'on ne veuille éterniser cette grande opération de la restauration des montagnes, nous avons, à raison de 700 francs l'hectare, une dépense de. . . . . 185 500 000 fr.

Il faut maintenant établir les frais qui incomberont à l'Etat : pour les indemnités à payer par suite de la mise en défens des terrains particuliers ou communaux, pour la surveillance de ces mises en défens, pour celle des forêts et des pâturages communaux situés dans les régions montagneuses, et pour le personnel extraordinaire qu'exigeront les travaux à faire.

Mais sur le premier et le plus important de ces points, mon embarras est extrême, attendu que j'ignore et que l'administration forestière ignore elle-même, quelle est l'étendue des terrains qu'il y aura lieu d'assujettir à la mise en défens, mise en défens qui, parmi toutes les mesures que comporte la conservation des terrains en montagne, est cependant une des plus urgentes.

Tout ce que je puis dire, c'est que l'on doit s'attendre à des prétentions excessives de la part des com-

munes propriétaires — j'en ai donné la raison plus
haut — de sorte que s'il y avait lieu de mettre en
défens 100 000 hectares seulement sur le million
d'hectares que, il y a quarante ans, l'administration
forestière regardait déjà, à raison de leur épuise-
ment, comme susceptibles d'être reboisés, je ne
serais pas du tout surpris que l'État eût à payer, à
titre d'indemnités, 500 000 francs par an, soit en
vingt ans. . . . .   10 000 000 fr.

L'administration a demandé, je crois, un crédit
de 300 000 francs, pour le personnel de surveillance des pâturages et des forêts communales. Admettons que ce chiffre ne doive pas être aug-
menté, la dépense, à cet égard, serait pour vingt
ans, de. . . . .   6 000 000 fr.

Je crois aussi que le personnel extraordinaire
pour le service du reboisement lui coûte, au moins,
chaque année, une somme égale de 300 000 francs.
Admettons qu'on ne soit pas obligé de le renforcer,
ce serait encore, pour vingt ans, une dépense
de. . . . .   6 000 000 fr.

L'addition de ces diverses sommes donne un
total de. . . . .   284 200 000 fr.

Les lois des 28 juillet 1860 et 24 mai 1864 avaient
déjà créé, pour l'État, des droits de propriété sur
les terrains à consolider, et devaient avoir pour résultat de le rendre propriétaire d'une partie de ces
terrains, par le fait seul des dépenses que lui aurait
occasionnées leur restauration.

Ces lois ont été abrogées. Or, si, faute d'argent,
l'État ne pouvait payer les terrains dans le délai de

quinze ans, il devrait sacrifier l'avantage des coûteux travaux qu'il a faits dans ces vingt-deux dernières années, et la législation sur la restauration des montagnes se réduirait à ceci :

Les lois des 28 juillet 1860 et 24 mai 1864 sont abrogées. L'État renonce à toute répétition pour les dépenses, s'élevant à environ 27 millions, qu'elles ont entraînées.

Les propriétaires rentreront dans la pleine propriété et jouissance des terrains, que l'administration des forêts a déjà restaurés ou se proposait de restaurer.

Des subventions en nature ou en argent pourront être données aux particuliers et aux communes, pour les encourager à recréer les forêts et les pâturages qu'ils ont détruits.

Lorsque le conseil d'État aura reconnu l'utilité d'interdire le parcours sur les pâturages communaux ou autres, épuisés par l'avidité des propriétaires, ces pâturages seront remis à l'administration forestière, qui sera tenue de les régénérer, de payer une indemnité aux propriétaires pour la perte résultant de l'interruption du parcours, et de rendre à ces mêmes propriétaires la libre et entière jouissance de leurs terrains, dès que ceux-ci auront recouvré toute leur fertilité.

Les travaux exécutés dans les montagnes, en vue d'améliorer le régime des eaux et de combattre les ravages des torrents, pourront être déclarés d'utilité publique par le Parlement, d'après l'avis des représentants des populations intéressées au maintien du *statu quo*. C'est d'ailleurs à ce même Parlement qu'il appartiendra de déterminer les parcelles où les travaux devront être exécutés, et d'autoriser leur expropriation par l'État, à moins que les propriétaires desdites parcelles ne s'engagent à les restaurer eux-mêmes.

L'État supportera désormais les frais de surveillance des pâturages communaux situés dans les montagnes. Cette surveillance sera exercée par l'administration des forêts, sans qu'elle ait d'ailleurs à s'immiscer ni dans la réglementation de la jouissance de ces pâturages, ni dans la poursuite et la répression des contraventions, lesquelles seront passibles d'une amende de 1 franc.

L'État supportera également désormais les frais de surveillance, non seulement des terrains mis en défens, mais encore des forêts communales situées dans les montagnes.

Il sera pourvu aux dépenses nécessitées par la présente loi, au moyen des ressources éventuelles du budget ordinaire.

Et ce serait pour en venir là, pour en arriver à une législation aussi incontestablement vaine, que l'on aurait rédigé tant de rapports, institué tant de commissions, provoqué tant de délibérations, prononcé tant de discours, employé tant d'efforts et dépensé tant d'argent !

ÉPILOGUE

Ce qui caractérise la loi du 4 avril 1882 sur la restauration et la conservation des terrains en montagne ; ce qui la distingue des lois précédentes : c'est la substitution de l'expropriation à prix d'argent, pour les terrains à reboiser, au droit qu'avait l'administration forestière de retenir une partie de ces terrains, afin de rentrer dans une partie de ses déboursés.

Sous les réserves que j'ai faites, cette innovation est bonne, parce qu'elle rendra plus nettes, plus franches, les situations respectives de l'Etat et des anciens propriétaires. Les communes y perdront, cela n'est guère douteux, attendu qu'une fois converti en argent, leur patrimoine ne tardera point, hélas ! à être dissipé ; mais puisqu'elles ont elles-mêmes sollicité, assure-t-on, ce changement, et qu'en tout cas c'est pour leur complaire qu'on l'a ordonné, il n'y a là-dessus plus rien à dire.

Je ferai observer seulement, pour la dixième fois, que l'expropriation par l'Etat des terrains absolument dégradés, en supposant qu'elle fût assurée, et elle ne l'est pas, ne suffirait point à garantir l'avenir ; que pour garantir l'avenir, on ne devrait pas se borner à mettre entre les mains de l'Etat, pour qu'il les reboise, les terrains dégradés ; qu'on devrait étendre autant que possible son domaine dans les régions montagneuses, et qu'on devrait en outre munir l'administration forestière de toute l'autorité voulue, pour empêcher les terrains destinés à ne produire que des herbages ou à produire surtout des herbages, de se dégrader et d'arriver eux aussi à être tellement dégradés que, pour les restaurer, il n'y ait plus d'autre moyen que de les faire acquérir par l'État et de les reboiser ; que cette autorité nécessaire, la loi du 4 avril 1882 la refuse à l'administration forestière, puisque les pâturages communaux, encore intacts, devront rester soumis aux règlements impuissants qui les ont régis jusqu'à ce jour, et puisque les pâturages, qui auront besoin d'être mis en défens, ne pourront l'être que temporairement, après des formalités sans nombre, et moyennant des indemnités fort onéreuses pour le Trésor.

Tout cela aurait dû frapper le Parlement. Sa loi est défectueuse, en définitive, parce qu'elle ne répond qu'au premier des trois desiderata que j'ai indiqués au commencement de ce travail : *la réparation du mal accompli*, et qu'elle n'y répond qu'imparfaitement. Pour satisfaire à ces trois desiderata, il eût suffi, semble-t-il, d'un petit nombre de dispositions, comme celles-ci par exemple :

Les travaux de restauration et de conservation des terrains en montagne sont rangés dans la catégorie des grands travaux publics, prévus par l'article 3 de la loi du 3 mai 1841, sur l'expropriation pour cause d'utilité publique, et les dispositions de cette loi leur sont applicables.

L'administration forestière procédera, le plus tôt possible, à la reconnaissance de la zone montagneuse dans laquelle, à raison des ravages que causent ou que pourraient causer les eaux, la conservation du sol présentera un caractère d'intérêt général.

Les limites de cette zone, dite *zone de protection*, seront fixées par un décret rendu suivant les formes prescrites, pour la soumission des bois communaux au régime forestier.

Les terrains communaux, pâturages, pâtis, landes ou vagues, compris dans la zone de protection, seront soumis au régime forestier, et l'administration forestière aura le droit de les mettre en défens.

Des indemnités, pour interruption de jouissance, pourront être accordées aux communes propriétaires. — Le chiffre en sera fixé par le ministre de l'agriculture.

Le caractère d'utilité publique est maintenu à la conservation et à la restauration des terrains compris dans les périmètres, décrétés en vertu des lois des 28 juillet 1860 et 24 mai 1864.

Ces terrains, dont l'État conservera la possession, pourront donc être acquis par lui, soit à l'amiable, soit par la voie de l'expropriation pour cause d'utilité publique.

Les dispositions du Code forestier seront applicables à la constatation, à la poursuite et à la répression des délits et contraventions commis sur les terrains qui auront été placés, à un titre quelconque, en vertu de la présente loi, sous la surveillance de l'administration forestière.

Les préposés forestiers domaniaux seront chargés de la surveillance des terrains et des bois communaux compris dans la zone de protection.

Il sera alloué à l'administration des forêts, avec faculté de report d'un exercice sur le suivant, pour être dépensé en vingt ans, un crédit de 300 millions de francs.

Pourquoi n'a-t-on pas voulu de cette législation claire, peu compliquée, décisive, conforme au surplus à celle que la Direction générale des forêts avait proposée, lorsque, pour la première fois, il fut question, en 1845, d'une loi sur la restauration des montagnes ?

On n'en a pas voulu, parce qu'elle eût subordonné trop étroitement le pâturage aux exigences de la conservation et de la restauration des terrains. On n'en a pas voulu, parce que les législateurs de 1882, comme leurs prédécesseurs, se sont fermé les yeux, afin de ne pas voir ce qu'il y avait de chimérique, dans l'espérance de concilier la réparation des désastres causés par les abus de la dépaissance, avec le maintien de ces mêmes abus. On n'en a pas voulu, parce que, hélas ! bien peu de gens se font une idée juste de la grandeur et de la difficulté de l'œuvre, qui consiste dans la restauration et la conservation des terrains en montagne, et de la gravité des intérêts nationaux engagés dans cette entreprise.

C'est de cette erreur et de cette ignorance que

vient la faiblesse de la loi nouvelle, et c'est des mêmes causes que viendront, j'en ai peur, les plus forts obstacles que rencontrera l'action des agents forestiers, quand elle aura surtout à s'exercer en dehors des terrains, qui auront pu être acquis par l'État.

Je voudrais, dans cet épilogue, apporter quelques lumières sur ces divers points, indiquer en quoi consisteront les obstacles que je prévois, comment on peut espérer de les surmonter ; et je voudrais aussi dissiper l'aveuglement de ceux qui traitent cette affaire de la restauration des terrains en montagne comme une affaire secondaire, dont on s'occupe à ses heures perdues et quand on a de l'argent de reste.

On se tromperait beaucoup si on croyait qu'en obligeant l'administration forestière à acheter les terrains à restaurer ou à payer des indemnités aux propriétaires, quand elle les mettra en défens, la loi du 4 avril 1882 a coupé court par avance aux réclamations des communes pastorales, au sujet du parcours. Pour avoir une telle illusion, il ne faudrait pas connaître les exigences insatiables des propriétaires de bestiaux. Les communes recevront peut-être avec plaisir le prix de leurs propriétés ; elles toucheront avec non moins de plaisir les indemnités qui leur auront été allouées pour la mise en défens de leurs terrains ; et, le lendemain, pour un motif ou pour un autre, à cause de la sécheresse ou des mauvaises récoltes, elles solliciteront la faculté d'introduire de nouveau, au moins temporairement, les vaches, les moutons et les chèvres, non seulement dans les parcelles dont elles auront conservé la propriété, mais encore dans celles qu'elles auront vendues. Et comme le titre II de la loi sur la mise en défens est le seul qui offre à l'administration forestière les moyens de prévenir les conséquences extrêmes des abus du parcours, on peut dire que le sort de cette loi dépend, dans ses dispositions essentielles, de la suite qu'auront les réclamations en question, lesquelles ne tendront à rien moins qu'à faire une lettre morte du titre précité.

C'est à ce sujet que se présenteront — je le redoute du moins — des difficultés qui mettront l'énergie des agents forestiers à de rudes épreuves, si les prétentions des communes trouvent des appuis dans le monde politique.

Or, il n'est que trop probable que ces appuis ne leur manqueront pas. L'influence qu'ont eue les considérations électorales sur la gestion forestière, depuis que la France jouit d'un gouvernement représentatif, autorise à le craindre : si les cultures temporaires, qui ont déjà ruiné la plus grande partie des forêts communales de la Provence, n'ont jamais pu être supprimées ; si les moutons s'opposent toujours à l'aménagement régulier des forêts communales et même domaniales des Pyrénées et notamment de l'Ariège, à qui la faute, si ce n'est aux considérations dont je viens de parler ? Parmi les représentants des populations montagnardes, combien y en a-t-il qui pourraient nier qu'il y va de leur réélection, de se montrer favorables ou contraires aux idées, en matière forestière et pastorale, de leurs mandants. L'attitude de la plupart de ces honorables représentants, le rôle qu'ils ont joué dans les discussions relatives à la loi dont nous nous occupons, la fermeté victorieuse avec laquelle ils ont repoussé l'intervention des agents forestiers dans la réglementation des pâturages et dans la poursuite des contraventions dont cette réglementation aurait été l'objet, tout cela n'est que trop significatif ; je vais du reste en développer les enseignements, afin de faire mieux saisir d'abord les dangers qui menacent le succès de la loi récemment votée, et d'établir ensuite l'étendue de la responsabilité qu'encourraient les représentants des pays de montagnes, s'ils persévéraient dans leur indulgence pratique, sinon théorique, pour les méfaits des populations pastorales, et s'ils ne parvenaient pas à se débarrasser de cette sincère mais fatale illusion, qu'en servant les intérêts particuliers de leurs électeurs, ils servent en même temps les intérêts de l'État.

Oh ! tant qu'il ne s'agit que de mettre en relief le contraste qui existe, entre l'affreux aspect des montagnes ravagées par les torrents et le riant tableau des montagnes encore intactes, c'est à qui paraphrasera avec le plus de complaisance les pages remarquables écrites à ce sujet par M. Surell.

Tant qu'il ne s'agit que de déplorer l'imprévoyance des pasteurs, c'est à qui trouvera contre cette imprévoyance les imprécations les plus fortes ; mais quand on en vient aux mesures à prendre pour en arrêter les effets, alors c'est une autre affaire : c'est à qui s'ingéniera à proposer les mesures les plus bénignes et les moins répressives.

Tous les membres du Parlement qui ont eu à rédiger des rapports sur les projets de loi relatifs à la restauration des montagnes, ont payé leur tribut à ces errements :

L'un d'eux, l'honorable M. M..., rapporteur de la commission sénatoriale chargée d'examiner le projet de loi qui a été finalement voté, a dépeint avec une rare énergie (séance du 1er juillet 1880) les plaies qui rongent les Alpes françaises, et s'est indigné avec une louable et touchante véhémence contre le vandalisme incorrigible des communes qui possèdent en grande partie ces montagnes. Après avoir rappelé l'effroyable destruction de bois qui se fit à la fin du dernier siècle, dès que les forêts eurent été placées sous la protection des municipalités, il s'écrie : « A chacune de ces dates où le principe d'autorité s'est affaibli, où le zèle de l'administration s'est ralenti, les communes ont recommencé la dévastation », et il fournit d'abondantes et lamentables preuves à l'appui de ces sévères paroles. On sent, en le lisant, qu'il est peiné de ne pas avoir à sa disposition des termes assez violents pour exprimer son indignation; et, en fin de compte, quels moyens ont été adoptés, sur l'indication de la commission dont il était l'organe, pour mettre un terme à ces détestables abus? Des moyens qui, à part l'expropriation pour cause d'utilité publique, pourraient aboutir, je crois l'avoir démontré, à les encourager par des subventions.

Mêmes objurgations et mêmes conclusions dans les rapports présentés à la Chambre des députés.

Un autre honorable sénateur, un éminent ingénieur, est agité, lui aussi, par ces deux sentiments à mes yeux contradictoires : le désir de reboiser les montagnes, de renfermer le parcours dans des limites raisonnables, et le désir de ne pas mécontenter les populations qui jouissent de ce parcours.

Cet honorable sénateur déclarait à ses collègues, dans la séance du 1ᵉʳ juillet 1880, qu'il fallait bien se persuader qu'on ne ferait rien de sérieux et d'utile dans les montagnes, sans le concours des habitants. Hélas ! parler ainsi, c'était dire qu'il n'y avait rien à faire, puisque personne ne conteste que le triste état de nos montagnes ne soit dû aux habitants mêmes, dont on croit le concours nécessaire pour les régénérer. Avant d'obtenir ce concours, que je ne crois pas impossible, il y aura certainement des résistances à vaincre.

Le même sénateur n'a-t-il pas prétendu, sans soulever aucune contradiction, que les propriétaires des montagnes pastorales n'étaient pas seuls la cause de leur dégradation ; que la responsabilité en revenait pour une grande part aux propriétaires des moutons transhumants d'Arles ou d'Italie? Il y a donc des gens qui s'imaginent que nos montagnards ont ouvert leurs pâturages aux moutons étrangers, sans en retirer un profit personnel, et que, chez eux comme chez les montagnards écossais, l'hospitalité se donne, mais qu'elle ne se vend jamais?

On se prend à désespérer de tout en présence de ces contradictions flagrantes et de ces suppositions si peu vraisemblables ; et ce qu'il y a surtout de décourageant, c'est qu'on ait à les reprocher à des personnages qui appartiennent à l'administration publique et qui, dès lors, ne devraient pas être complètement étrangers aux rapports que le service des forêts entretient avec les communes.

Est-ce que toute l'histoire de ce service n'est pas celle d'une lutte sans trêve contre les tendances des habitants des communes à abuser des forêts? Est-ce que ces tendances ne se sont point maintes fois manifestées par des révoltes à main armée qui ont fait des veuves et des orphelins?

Est-ce que le courage et l'abnégation que les agents et les préposés forestiers ont toujours apportés dans l'exercice de leurs périlleuses fonctions, ne sont pas d'autant plus méritoires que c'est par la disgrâce qu'on a souvent récompensé ces agents et préposés, sans compter les accusations d'arbitraire et de tyrannie dont ils ont été l'objet, même dans les assemblées parlementaires, et qu'un honorable sénateur a cru devoir rééditer à la tribune, dans la séance du 6 juillet 1880?

Et c'est à ces hommes-là qu'on vient dire : Il n'y a rien à faire dans les montagnes sans le concours des communes propriétaires !

La vérité est — et c'est une vérité de tous les temps — que si les hommes ont assez de raison et de bon sens, pour reconnaître le danger de leur égoïsme et assez de sagesse pour établir des règlements dans le but de le combattre, ils n'ont pas assez d'empire sur eux et de suite dans les idées, pour se soumettre à ces règlements avec résignation, avec docilité, et que si on leur abandonnait le soin de les interpréter et de se les appliquer, ils s'empresseraient de les violer. Les preuves en abondent en ce qui concerne le pâturage : ce ne sont pas les règlements qui ont fait défaut à ce mode d'exploitation du sol, les archives communales des Alpes en sont pleines ; ce qui a fait défaut, c'est l'autorité nécessaire pour en assurer l'exécution (1).

La vérité est que ce n'est que par la contrainte que l'on peut, en général, obtenir l'observation des mesures restrictives de la licence individuelle ; que le pouvoir central est seul capable d'exercer efficacement cette contrainte, et qu'il a été institué principalement pour cela.

La vérité est que, sans le Code forestier, qu'on a si souvent qualifié de *draconien*, sans l'esprit de sacrifice et l'énergie des fonctionnaires chargés d'en faire respecter les dispositions, il n'y aurait plus

____

(1) Lire à ce sujet les articles instructifs publiés, dans la *Revue des eaux et forêts* (livraisons de juillet 1883 et suivantes), par M. l'inspecteur Briot, et méditer aussi la proposition suivante adoptée par le Conseil général de l'Isère (séance du 28 octobre 1874) :

« Votre commission vous propose de renouveler le vœu qu'une loi soumette à la tutelle de l'administration forestière, en ce qui concerne la réglementation des pâturages, les montagnes pastorales appartenant aux communes. »

depuis longtemps de forêts communales ; que les 2 millions d'hectares qu'elles contiennent ne seraient plus aujourd'hui que des landes livrées à un pacage barbare et presque improductif, et que les forêts domaniales elles-mêmes auraient peut-être disparu ou auraient en tout cas continué d'entretenir, au grand préjudice de la moralité publique et de l'agriculture, des habitudes de maraude dans les campagnes.

Voilà la vérité, de sorte qu'au lieu de dire qu'on ne fera rien d'utile et de sérieux dans la montagne sans le concours des habitants, il faut dire que, pour y faire quelque chose d'utile et de sérieux, la condition principale est de pouvoir se passer de ce concours.

Il a été reconnu d'ailleurs que si l'administration le voulait, elle parviendrait à créer des forêts dans les Alpes. Mais, a-t-on ajouté, elle y ferait en même temps la solitude (séance du 1er juillet 1880).

Est-ce bien sûr ? N'y a-t-il pas lieu d'espérer, au contraire, que les travaux considérables qu'occasionnera la restauration de ces montagnes et l'exploitation des forêts qui auront été créées, y retiendront une population plus nombreuse que celle qui peut y vivre aujourd'hui des ressources de plus en plus maigres fournies par des pâturages épuisés?

Il est possible que le reboisement d'une partie de ces montagnes ait pour effet de modifier temporairement, et même pour toujours, les conditions d'existence des populations qui les habitent ; mais que l'on cite un progrès social qui n'ait pas entraîné cet inconvénient-là! S'imagine-t-on que l'application de la vapeur et de l'électricité à l'industrie se soit faite sans déplacer des intérêts, sans changer des habitudes, sans diminuer la population sur un point pour l'augmenter sur un autre, sans modifier les systèmes de culture, sans enlever leur gagne-pain traditionnel à des multitudes d'ouvriers? Qui regrette aujourd'hui ces perturbations passagères?

En supposant enfin que le reboisement des Alpes eût pour conséquence d'en chasser les habitants, ne vaudrait-il pas mieux mettre dans ces montagnes des arbres qui s'y porteraient bien et protégeraient les propriétés inférieures, que d'y laisser des hommes qui s'y portent mal et causent à la France entière, par leur imprévoyance, leur incurie et leur avidité, d'incalculables dommages?

Posée ainsi, la question ne comporte évidemment aucune controverse; mais on voit, d'après les citations qui précèdent, combien j'avais raison d'affirmer que la nouvelle loi ne marchera pas toute seule et restera en partie stérile, si elle ne rencontre pas chez tous ceux qui seront appelés à exercer une influence sur son exécution, un ardent dévouement à la chose publique. Nous allons établir d'ailleurs que s'il y a beaucoup à rabattre des doléances exprimées au sujet du sort que feraient aux montagnards, l'achat et le reboisement, par l'État, d'une partie de leurs terrains, il y a aussi des raisons de se méfier de la destination que l'on donnerait aux indemnités accordées par le Trésor, pour la mise en

défens des terrains qui n'auraient pas été expropriés.

Quand on a vécu au milieu des populations de la
haute montagne, et qu'on a pu comparer leur situation à celle des populations de la plaine, on s'explique
la profonde pitié que cette situation inspire à tous
ceux qui la connaissent. Mais serait-ce le bon
moyen d'y remédier que de se borner à la soulager
par des libéralités pécuniaires, sans souci des causes
qui l'ont amenée et qui la maintiennent? Sait-on
d'ailleurs si ces libéralités arriveront jusqu'à ceux
qui en auraient le plus besoin? Elles arriveront sans
doute jusqu'à ceux qui les réclament; mais ce ne
sont pas les plus malheureux; elles tomberont dans
la poche des propriétaires de moutons; mais dans
beaucoup de communes, les éleveurs de moutons
ne forment pas le dixième de la population (1).

Les pâturages, dans les hauts pays, sont générale-
ment indivis, les communes en ayant la plus grande
part (dans le Briançonnais, elles détiennent le territoire presque tout entier). Or, l'indivision de la
propriété est ordinairement accompagnée d'une déplorable inégalité dans la distribution des produits
du sol, et c'est le cas dans nos montagnes. On y
rencontre une sorte d'aristocratie territoriale, ou,
si l'on veut, pastorale, qui exploite à son profit
presque exclusif la propriété de tous, et qui l'exploite avec excès (2). Il en serait certainement au-

(1) C'est surtout dans les Pyrénées que le nombre des éleveurs est faible par rapport à celui des habitants.

(2) On pourrait citer des communes dont les maires possé-

trement si les individus qui jouissent des pâturages en étaient aussi les propriétaires à titre privé. La crainte de ruiner à tout jamais le fonds mettrait un frein salutaire à leur désir d'augmenter outre mesure le profit actuel qu'ils en retirent ; mais, n'étant maîtres que de la jouissance, ils sont d'autant plus portés à la pousser au-delà des limites raisonnables que, si quelques-uns d'entre eux ne le faisaient pas, d'autres le feraient.

Qu'on se garde donc de prendre au pied de la lettre les lamentations qui se produisent au sujet des conséquences restrictives du pacage que la restauration des montagnes pourrait avoir. Ces conséquences n'atteindraient pas la classe la plus nombreuse et la plus intéressante de la population ; elles atteindraient quelques privilégiés qui ne se soucient pas assez de l'avenir et qui, pour conserver le *statu quo* dont ils profitent, mettent en avant ceux qui en souffrent.

Cet état de choses, dans nos montagnes, vient de ce que l'esprit de la Révolution de 1789 n'y a point encore suffisamment pénétré, et il en résulte que si l'on veut vaincre la répugnance irréfléchie des pauvres habitants de ces contrées, au regard des mesures qui menacent d'y diminuer le bétail, il faut les éclairer sur leurs droits et leur ouvrir des chantiers qui leur permettront de s'affranchir de l'espèce de servage où ils végètent. De cette manière, on ne restaurera pas seulement les terrains en

daient, à eux seuls, le quart des animaux que les habitants avaient été autorisés à introduire dans les périmètres de reboisement.

pente ; on fera mieux : on restaurera des hommes qui sont d'autant plus dignes d'intérêt qu'ils gardent, pour la plupart, nos frontières.

Oui, qu'on ouvre de vastes chantiers aux prolétaires de la montagne. L'occasion, pour le faire, est on ne peut plus opportune, puisque le travail manque dans les villes comme dans les champs, à ceux qui n'ont que ce moyen pour vivre. Je ne crois pas qu'en ce moment, où on est fort soucieux de venir en aide aux classes ouvrières, il fût possible de mieux employer les sommes que l'on est disposé à distribuer en salaires ; et c'est par quelques réflexions là-dessus que je terminerai ce long travail.

Sans être, en économie politique, de l'école des physiocrates, qui ne regardaient comme productive que l'industrie agricole, je pense qu'il serait plus avantageux pour notre pays, de diminuer, par des reboisements, la quantité de limon qui passe incessamment sous le pont de Mirabeau (1), que d'augmenter la fabrication de nos articles de luxe. Je pense que les dépenses destinées à favoriser la production de la matière première sont plus utiles que celles qui ont pour objectif la manipulation de cette même matière. Je pense, enfin, que le sol n'a point cessé d'être la source de toutes les richesses, et que la multiplication des choses vivantes, des choses renaissantes, est toujours le but principal que les efforts de l'homme devraient se proposer.

(1) Pont construit sur un étranglement de la Durance entre le département de Vaucluse et celui des Bouches-du-Rhône.

Sans doute, un temps pourrait venir où le peuple français inonderait le monde de ses produits manufacturés. En serait-il plus puissant si son agriculture était ruinée, s'il n'avait plus de bois, si ses cours d'eau n'étaient plus que des torrents, si la Sologne, la Dombes, la Brenne et d'autres contrées encore étaient redevenues des foyers de pestilence ; s'il ne lui restait plus, pour recruter son armée, que les populations rachitiques des villes et des ateliers de l'industrie? Survint un coup de guerre malheureux, et sa fortune pourrait s'en aller à vau-l'eau.

Personne n'oserait contredire une vérité aussi évidente. Cependant, à considérer les sommes énormes que les gouvernements qui se sont succédé en France depuis une soixantaine d'années, ont consacrées aux moyens de développer le commerce extérieur et l'industrie, et la parcimonie avec laquelle ils ont traité l'agriculture, on dirait que les mamelles de l'État ne sont point là où les plaçait le sage Sully ; et n'est-il pas tout à fait remarquable qu'à une époque où on a toujours à la bouche les mots de *méthode expérimentale*, quand il est question de rechercher les lois qui président aux transformations perpétuelles de la matière, on fasse si peu de cas de l'expérience en ce qui a trait aux lois du développement des sociétés?

Ces dernières lois n'en restent pas moins démontrées par l'histoire de tous les temps, et elles nous apprennent que lorsque l'équilibre est rompu entre les travaux des champs et ceux des villes ; que ceux-ci l'emportent sur les autres, et que la population des campagnes diminue, c'est, pour une nation, le commencement de la décadence.

Or, le France en est là : son commerce extérieur progresse chaque année d'une manière étonnante, il a plus que décuplé depuis cinquante ans ; ses fabriques se multiplient : on évalue leurs produits annuels à environ 13 milliards ; ses villes regorgent d'habitants ; mais son agriculture est en souffrance ; ses campagnes se dépeuplent et le perfectionnement de l'outillage agricole ne suffit pas à expliquer ce fait alarmant. C'est que, depuis le commencement du siècle, comme je viens de le dire, les ressources de nos budgets ont été affectées surtout à des travaux qui devaient avoir pour résultat d'augmenter, non pas la production de nos champs, mais celle de nos manufactures, et d'alimenter ces manufactures, non pas avec des matières premières indigènes, mais avec des matières premières venant de toutes les parties du monde. Nous savons utiliser nos cours d'eau pour faire marcher des usines ; nous ne savons pas les utiliser pour arroser nos cultures. Nous avons, dans toutes les directions, de grandes routes nationales, des canaux, des chemins de fer qui permettent aux marchandises étrangères de pénétrer jusqu'au cœur du pays; notre viabilité vicinale et rurale est dans un état déplorable ; de sorte qu'il en coûte moins pour le transport d'un sac de blé du Texas à Marseille, que de la haute Provence dans la même ville, et que les bois de la Norwège, de la Russie et de l'Autriche viennent, jusqu'au **pied** de nos montagnes, faire concurrence à ceux que nous tirons de ces mêmes montagnes.

Il semble, du reste, que l'on commence à se douter des dangers d'une telle situation, car jamais, en France, on ne s'agita autant qu'on le fait actuellement à propos de l'agriculture. Les réunions agricoles sous toutes les formes (sociétés savantes, conseils, concours, congrès, banquets), surgissent de tous les côtés. Le gouvernement leur prodigue les encouragements de toute nature (croix d'honneur, médailles, primes, subventions...). L'enseignement de l'agriculture, à tous les degrés, est distribué par une légion de professeurs.

Autrefois, les solennités agricoles étaient présidées par un simple sous-préfet ou par un inspecteur de l'agriculture. Maintenant, elles le sont par un ministre, et même par plusieurs ministres à la fois, afin que nul n'ignore combien le gouvernement tout entier y attache d'importance. Ces diverses manifestations, quelle qu'en soit la portée réelle, fournissent au moins la preuve que notre pays a recouvré le sentiment des conditions vraies, essentielles, de sa prospérité : il revient aux choses de l'agriculture, c'est fort heureux; mais, parmi ces choses, il y en a qui priment toutes les autres, au moins dans le midi de la France : ce sont celles qui se rapportent à l'économie forestière, et, malheureusement, c'est ce dont il n'apparaît pas que l'on soit suffisamment convaincu.

Pense-t-on, cependant, que lorsqu'on aura multiplié les discours, les primes, les subventions,

les récompenses honorifiques ; quand on aura dé-
coré du titre de professeur des centaines de jeunes
gens à peine échappés des écoles régionales ou
même de l'Institut agronomique, l'agriculture française sera sauvée? On lui promet, il est vrai, des
canaux d'irrigation, et ceci est plus sérieux, pourvu,
toutefois, qu'on ne se borne point à creuser des canaux d'irrigation, et que l'on prenne des mesures
pour que les sources destinées à les alimenter ne
tarissent pas.

Faire de nouvelles saignées à la Durance, par
exemple : à quoi cela servirait-il, si le lit de cette
rivière, autrefois navigable, était à sec, la plus
grande partie de l'année ? (1)

Ainsi donc, la satisfaction donnée à la logique et
aux besoins impérieux du pays par la sollicitude
que le gouvernement témoigne pour l'agriculture,
ne sera efficace que si, en même temps qu'ils s'oc-

(1) On lit dans un rapport, sans date, adressé récemment à
M. le ministre de l'agriculture par M. Chambrelent, inspecteur
général du service hydraulique, que l'étiage de la Durance a
baissé de 80 centimètres à la prise du canal de Manosque ; or, il
résulte d'un intéressant travail sur les canaux de la Durance,
publié l'année dernière par M. Escarrat, conducteur des ponts
et chaussées à Aix (Provence), d'après les renseignements four-
nis par l'administration des travaux publics, que le nombre des
concessions déjà faites aux dépens de cette rivière et de ses
affluents est de 70, et que la quantité d'eau dont la dérivation
est autorisée par ces concessions, s'élève au chiffre énorme de
99 944^l,55 par seconde, savoir :

Pour le département des Hautes-Alpes, 7 658 litres ;
Pour celui des Basses-Alpes, 8 787 litres ;
Pour celui de Vaucluse, 27 006 litres ;
Pour celui des Bouches-du-Rhône, 56 493^l,55.

cupent de la culture des champs, nos hommes d'Etat s'occupent plus sérieusement encore de l'élément qui la protège, c'est-à-dire de la forêt.

C'est sans doute cette considération capitale qui vous a inspiré, messieurs du Parlement, la loi que vous avez votée sur la restauration des montagnes. Eh bien ! cette loi, il s'agit maintenant de savoir ce que vous voulez qu'elle devienne : Je crois avoir démontré que, pour la rendre féconde, il serait indispensable d'augmenter dans une très forte proportion le budget des dépenses de l'administration forestière. Etes-vous décidés à le faire ? Le sort de votre loi dépend de votre réponse à cette question. Il sera bon ou détestable suivant que vous ouvrirez ou que vous serrerez les cordons de votre bourse. Si vous les serriez, alors autant vaudrait dire : « Laissons aller les choses, laissons couler la chair de nos montagnes, comme dit Elisée Reclus, jusqu'à ce qu'elles soient réduites à l'état de squelette — ce ne sera pas long, quoiqu'il y ait encore bien des mètres cubes de terre végétale accolés aux flancs de ces montagnes — laissons-les arriver à être tellement dénudées qu'il suffise d'un rayon de soleil, pour que l'énorme quantité d'eau qui s'y accumule pendant l'hiver sous forme de neige, s'écoule instantanément dans les mers, ravageant sur son passage les récoltes de la plaine, et emportant avec elle les fruits de nos primes, de nos subventions et de l'enseignement de nos jeunes professeurs.

« Laissons s'établir, entre l'Italie et nous, des marches d'un nouveau genre où rien, ni un arbre ni un homme, ne pourra s'opposer à l'invasion, où personne même ne s'en apercevra, si ce n'est quelques gardiens de chèvres qui la verront passer sans se douter qu'elle foule le sol de la patrie.

« Oui, laissons tout cela s'accomplir. »

Mais, si votre patriotisme est soucieux d'épargner au pays de tels malheurs, alors ne marchandez point à l'administration des forêts les ressources dont elle aurait besoin, pour utiliser ce qu'il y a d'utile dans votre loi.

Cette loi — souffrez que j'en récapitule les exigences — cette loi veut que les travaux de restauration ne puissent désormais être continués ou entrepris que sur les terrains acquis par l'État. Ces terrains, il faut donc que l'administration les achète ou qu'elle ferme ses chantiers. Il faut qu'elle les achète, pour pouvoir continuer les travaux et, aussi, parce que ce seul fait de l'acquisition des terrains à restaurer, en permettant de les mettre absolument à l'abri de la dent des bestiaux, doit être considéré comme un des moyens les plus efficaces pour la consolidation des montagnes. Il est nécessaire sans doute de soutenir les terres prêtes à s'ébouler et de diminuer l'impétuosité des torrents par des barrages ; mais ces ouvrages ne sauraient avoir d'effet durable et empêcher les eaux, qui coulent sur les montagnes, de les façonner conformément aux lois de la physique. Cette transformation est fatale ; elle défie toute résistance absolue ; mais on en ralentirait les phases et on la rendrait bienfaisante par le reboisement des régions où elle s'opère, et l'action seule de la nature, dans beaucoup de cas, amènerait ce reboisement.

Il faut que l'administration achète les terrains en question, et qu'elle les paye le plus tôt possible, car rien ne serait plus contraire aux intérêts du Trésor que d'épuiser, pour cet achat et ce payement, les délais prévus par la loi.

Relisez, messieurs, les articles 16, 17, 18 et 21 de cette loi ; relisez-les avec attention et vous verrez qu'il en résulte pour l'État ou pour son représentant l'administration forestière :

1° La nécessité de notifier, dans le délai de trois ans, la volonté d'acheter les terrains compris dans les anciens périmètres ;

2° L'obligation de les acheter en effet, une fois cette notification faite, et de les acheter dans un délai de cinq ans ;

3° L'obligation de majorer le prix d'achat, s'il n'est réglé qu'après l'expiration du premier délai de trois ans, des intérêts à 5 pour 100 de ce prix, depuis ladite expiration ;

4° La faculté de n'acquitter le prix d'achat qu'en dix annuités, mais à charge de supporter un intérêt de 5 pour 100 pour les annuités non payées.

Or, ne saisit-on pas d'abord le grave préjudice auquel on exposerait le Trésor public, si l'administration n'était point en mesure de traiter avec les propriétaires avant la fin du délai de trois ans, et s'engageait à acheter sans même avoir une idée des prétentions de ces propriétaires ? Ce serait alors qu'on lui tiendrait, comme on dit, la dragée haute.

Et puis, en admettant qu'il y ait une dépense de 37 500 000 francs à faire, pour acquérir les terrains compris dans les anciens périmètres, somme qui comporterait un intérêt de 1 875 000 francs, qu'arriverait-il si, par esprit d'économie, l'on croyait devoir attendre le terme du délai de cinq ans, fixé par la loi, pour l'exécution des engagements pécuniaires pris par l'administration forestière ? — Il arriverait que, dès la première année qui suivrait la date de l'achat, c'est-à-dire en 1886, l'Etat aurait à payer : 1° deux ans d'intérêt pour une somme de 37 500 000 francs, soit 3 750 000 francs, et, de plus, la première annuité de ces mêmes 37 millions 500 000 francs, soit 3 750 000 francs, auxquels s'ajouteraient les indemnités pour les mises en défens, les frais de surveillance et les dépenses des travaux.

Ainsi, certitude, en premier lieu, de payer les terrains plus cher et, en second lieu, dépense supplémentaire d'une somme de 3 750 000 francs, dans le cas où le prix des terrains ne s'élèverait qu'à 37 500 000 francs : Voilà où mènerait l'ajournement des crédits nécessaires, pour satisfaire aux obligations que la loi du 4 avril 1882 a imposées à l'État.

Cette loi date d'un an à peine, c'est-à-dire d'une époque où nos finances étaient encore plus embarrassées qu'elles ne le sont actuellement. Vous ne pouviez ignorer, messieurs du Parlement, quelles en seraient les conséquences financières, et le public ne comprendrait certainement pas que vous cherchassiez aujourd'hui à les éluder. Tout ce que vous feriez dans ce but, ne servirait au surplus qu'à augmenter les sacrifices du Trésor, à moins que vous ne renonciez à l'acquisition des terrains compris dans les anciens périmètres de reboisement, que vous ne soyez résignés à perdre tous les fruits des 27 à 28 millions de francs qu'a déjà coûté la restauration des montagnes, et que vous ne disiez comme tant d'autres, quand on leur parle de la postérité : « Alors comme alors. »

Il y a plus : pour diminuer les sacrifices du Trésor, dans cette entreprise, il n'importerait pas seulement de hâter le règlement du prix des terrains à acquérir dans les anciens périmètres ; il importerait aussi de faire des achats de terrains, à l'amiable, en dehors même de ces anciens périmètres, avant que ces achats n'aient été rendus obligatoires et par suite plus onéreux ; il importerait encore de payer intégralement le prix des terrains situés, soit en dedans, soit en dehors des périmètres déjà décrétés, dans le plus court délai, afin d'éviter l'intérêt de 5 pour 100 des annuités non payées (art. 21). Payer 5 pour 100 d'intérêt quand on peut facilement emprunter à 4 et demi pour 100 ne saurait être pour personne, pas même pour l'Etat, une opération raisonnable.

Avouez, messieurs les sénateurs et messieurs les députés, qu'éblouis par la facilité avec laquelle s'est effectué l'emprunt destiné à payer notre rançon, et par l'accroissement prodigieux des ressources provenant de nos contributions indirectes, vous avez ouvert trop largement notre bourse aux services de la guerre, de la marine, de l'instruction publique, des travaux publics, si bien que ces services ont été parfois très embarrassés d'employer les fonds que vous leur aviez alloués. Ce n'est point une raison pour paralyser, dès son début, l'admitration forestière, dans l'application d'une loi qui est appelée à résoudre, pour nos régions montagneuses, une question de vie ou de mort.

Qu'est-ce que je vous demande, en définitive ? — 300 millions de francs ; la belle affaire ! Il y aurait de quoi construire 700 à 800 kilomètres de chemins de fer, et vous allez en construire en dix ans plus de 10000 avec la certitude que, la plupart du temps, le trafic leur manquera ! Vous en construisez même en Corse, où le besoin ne s'en faisait pas extrêmement sentir. Les chemins de fer en exploitation ont coûté 10 milliards de francs !

300 millions de francs : c'est tout au plus le double de ce qu'ont coûté les chemins de fer de Marseille à Grenoble par Gap et de Gap à Briançon, chemins dont la stabilité sera compromise tant que les torrents des vallées de la Durance et du Drac seront en activité (1). Le canal de Marseille a coûté 46 millions de francs ; celui du Verdon (sur Aix) en a coûté 25 au moins.

(1) D'après des renseignements puisés à très bonne source, sur une dépense totale de 48 millions de francs, à peu près, occasionnée par la construction du chemin de fer de Gap à Grenoble, les travaux extraordinaires, nécessités par l'instabilité du sol, ont absorbé plus de 4 millions !

300 millions de francs : c'est à peine le tiers de ce que vous aurez à dépenser, d'après M. le sénateur Krantz, pour achever le réseau de nos voies navigables !

C'est la moitié du chiffre auquel l'honorable M. Maigne, dans son saisissant rapport sur la loi que vous avez adoptée, évalue les dommages causés par les inondations dans les quarante dernières années !

300 millions de francs à dépenser en vingt ans, c'est 15 millions par an. Vous les dépensez pour les encouragements à l'agriculture ; vous en avez, en 1882, dépensé plus du double pour l'amélioration des rivières, et cinquante fois plus pour les travaux publics en général !

Avec 300 millions de francs, l'administration forestière pourra acquérir, consolider et reboiser tout au plus 400 000 hectares dans les montagnes. Croyez-vous qu'il n'y aura plus assez de place pour le pâturage ? Sachez donc que, sur les 14 millions d'hectares, en nombre rond, que contiennent nos départements des Alpes, des Pyrénées et du plateau central, il n'y en a pas le douzième qui soient boisés. L'herbe ne manquera donc point aux troupeaux ; elle ne tarderait pas à leur manquer, si l'on ne se hâtait de la protéger contre les érosions des eaux.

Sachez, en outre, que les 400 000 hectares de mauvais pâturages, qu'il s'agit de convertir en bois, ne rapportent guère, en moyenne, plus de 4 francs par hectare, dans les Hautes-Alpes, du moins ; et qu'il y a, dans le Doubs, des sapinières qui en rapportent 200.

Pour mesurer la grandeur de l'entreprise qui a motivé votre loi, veuillez enfin, messieurs, jeter un coup d'œil sur la carte ci-annexée du bassin de la Durance, ce pays classique des torrents :

L'étendue de cette région est d'environ 230000 hectares, sur lesquels il y en a au moins 140 000 qui consistent en pâturages plus ou moins épuisés.

La teinte verte indique les anciens périmètres dont l'administration a déjà pris possession en vertu des lois des 28 juillet 1860 et 24 mai 1864, et qu'elle devra acheter d'ici à deux ans, afin de pouvoir achever les travaux de restauration qu'elle y a commencés. — Remarquez combien est faible leur étendue relative, qui n'est, d'ailleurs, que de 45 000 hectares (1).

Les petites taches jaunes, disséminées çà et là, représentent les forêts, presque toutes communales, presque toutes ruinées et contenant 39525 hectares.

Et les traits bleus marquent les rivières et les torrents qui dévorent le pays et s'y sont déjà creusé des lits d'une contenance totale d'au moins 4500 hectares, lesquels étaient, pour la plupart, couverts autrefois de riches cultures.

Croyez-vous, messieurs, que, lorsqu'on aurait consolidé et reboisé les anciens périmètres, il ne resterait plus rien à faire pour donner de la stabilité aux

____

(1) Parmi les parcelles teintées en vert, il y a des forêts domaniales, trop peu importantes pour que l'on ait cru devoir les désigner par une teinte spéciale.

versants de ce bassin, éteindre les torrents qui les rongent de toutes parts et arrêter les ravages qu'ils causent dans les vallées ? croyez-vous que les neiges fondraient beaucoup moins vite qu'auparavant et que les eaux passeraient avec beaucoup moins de facilité et de violence au milieu de ces petites forêts communales, qui sont comme les parties pleines d'une vaste écumoire ? N'est-il pas palpable, au contraire, que, pour permettre à ces bocquetaux éparpillés d'exercer sur la fonte des neiges et l'écoulement des eaux toute l'influence désirable, il faudrait les rattacher les uns aux autres, pour n'en former qu'un petit nombre de masses, sinon une seule masse, et les comprendre, par conséquent, avec les terrains qui les séparent, dans un nouveau périmètre de restauration ? Or, messieurs, appliquez à toutes nos hautes montagnes l'enseignement qu'il est si aisé de tirer de l'image sur laquelle je viens d'attirer votre attention, et je suis sûr qu'après vous être ainsi mis à même d'apprécier la portée de votre loi, vous ne marchanderez plus à l'administration forestière les moyens de l'exécuter.

Ces 300 millions de francs, vous les donnerez donc, parce que vous n'êtes pas hommes à vous payer de mots, et que vous ne voudrez pas qu'on vous associe à ceux qui croient avoir résolu la question de la restauration des montagnes, quand ils en ont fait le texte d'amplifications de rhétorique plus ou moins réussies. Il y a assez longtemps qu'on nous afflige avec cette contradiction qui consiste à se lamenter sur les affreuses calamités produites par les torrents, à couvrir d'imprécations les abus qui en sont la cause première, et à se récrier quand l'administration forestière réclame les crédits indispensables pour mettre fin à ces calamités et à ces abus.

A l'heure présente, cette administration ne sait point encore, plus d'un an après la promulgation de la loi sur la restauration des montagnes, dans quelles conditions elle doit constituer son outillage, sur quelles allocations elle peut compter pour cela. Elle sait seulement que, tandis que les uns lui reprochent son inaction, d'autres la menacent d'interpellations à propos de réformes qu'elle a introduites dans l'organisation de son personnel, pour en fortifier l'action et pour être prête, le cas échéant, à poursuivre avec plus de vigueur l'entreprise confiée à ses soins.

Elle sait aussi qu'il est question de revenir aux aliénations ou aux coupes extraordinaires, ce qui serait tout un, pour lui procurer un peu d'argent. Ceux qui ont imaginé ces expédients, et croient avoir trouvé une solution, ignorent donc quelle fut l'indignation du pays tout entier, lorsque, à la fin de l'empire, M. le ministre des finances Fould s'avisa de soumettre au Parlement un projet de loi tendant à l'aliénation, jusqu'à concurrence de 100 millions de francs, d'une partie de nos forêts domaniales. Ils ne connaissent pas la déclaration qui fut lue, à l'occasion du retrait de ce projet de loi, dans la séance du Corps législatif du 9 juin 1866, par M. Vuitry, président du conseil d'État.

Le gouvernement fit connaître, par cette déclaration : d'abord, que le retrait du projet d'aliénation était de sa part *sincère et loyal;* ensuite, qu'il lui avait semblé sage d'affecter les forêts domaniales à l'amortissement — et pourquoi ? — parce qu'*il voulait placer à l'avenir le domaine forestier en dehors de toute tentative de l'aliéner et d'appliquer ses produits aux dépenses de l'Etat, ni même à celles des travaux publics.*

Quant aux coupes extraordinaires, je viens de dire que c'était tout un, et, en effet, qu'est-ce qu'une coupe extraordinaire dans une forêt où il n'y a plus d'arbres ayant dépassé l'âge où l'aménagement permet de les exploiter — et toutes nos forêts en sont là depuis longtemps ? — c'est une opération analogue à celle que ferait le propriétaire d'une maison, en en vendant un étage ; c'est un tort fait aux générations futures ; c'est l'acte d'un usufruitier qui viole les articles 590 et 591 du Code civil ; c'est l'exploitation, dans une forêt qui serait partagée en 100 coupes âgées de 1 à 100 ans, de deux ou plusieurs coupes au lieu d'une, et, par conséquent, de bois âgés de moins de 100 ans ; de sorte que, si les coupes extraordinaires se multiplient, on arrive à ne plus pouvoir traiter la forêt qu'en taillis, les peuplements étant trop jeunes pour pouvoir se régénérer par les semences. Et tout cela est tellement vrai, que, par suite de l'abus des coupes extraordinaires, à la place de nos anciennes futaies, qui fournissaient des bois d'œuvre propres à tous les services, il n'y a plus, sur la moitié du sol forestier domanial, que des taillis qui ne fournissent guère que du bois de chauffage.

Celui qui écrit ces lignes a eu l'occasion, à la fin de sa carrière, de passer en revue presque toutes les forêts domaniales de la France et de comparer l'état où elles sont actuellement à celui où elles étaient il y a une quarantaine d'années à peine : Hélas ! quel pénible contraste pour un homme qui aime son pays ! Que sont devenus ces sapins, ces épicéas de 4 à 6 mètres de tour et de 50 mètres de hauteur, si abondants autrefois dans nos montagnes ? — Ils sont tous tombés dans le gouffre des coupes extraordinaires : on regarde dans ces montagnes comme des phénomènes les arbres de 2 à 3 mètres de tour ! Tombés aussi dans le même gouffre, tous les vieux chênes de nos forêts de plaine qu'on ménageait avec tant de sollicitude, afin que la France ne devînt pas tributaire de l'étranger pour les bois propres aux constructions navales : les deux tiers des arbres de cette précieuse essence compris dans les coupes annuelles, n'ont pas plus de 50 centimètres de diamètre, et ne sont bons qu'à faire des traverses de chemin de fer, si l'on en croit la statistique dressée par l'administration à l'occasion de l'exposition universelle de 1878.

Et c'est en présence d'une telle situation que l'on demanderait à des forêts dont la production ordinaire n'est plus que de 26 millions de francs par an, les centaines de millions dont la loi sur la restauration des montagnes exigera la dépense !

Qu'en dit l'honorable et regretté M. de Mahy, lui qui, dans une lettre en date du 31 mai 1882, adressée au directeur des forêts, lettre qui restera célèbre, déclarait aux forestiers que le désir du gouvernement était de travailler à reconstituer le capital forestier de la France ; qu'il convenait dès lors de transformer les taillis en futaie, c'est-à-dire de laisser pousser les bois ? Aujourd'hui, il s'agirait d'une opération diamétralement opposée !

Ah ! mon Dieu, qu'on en finisse donc une bonne fois avec toutes ces tergiversations, toutes ces incertitudes au milieu desquelles l'administration forestière s'agite stérilement, s'énerve, se démoralise ; et qu'on lui fasse connaître définitivement, pour n'y plus revenir, que l'on entend l'utiliser pour restaurer les forêts de la France, et non se servir d'elle pour achever de les détruire.

ANNEXE

LOI RELATIVE A LA RESTAURATION

ET A LA CONSERVATION

DES TERRAINS EN MONTAGNE

Le Sénat et la Chambre des députés ont adopté,
Le Président de la République française promulgue la
loi dont la teneur suit :

ARTICLE PREMIER.

Il est pourvu à la restauration et à la conservation des
terrains en montagne, soit au moyen de travaux exécutés
par l'Etat, ou par les propriétaires, avec subvention de
l'Etat, soit au moyen de mesures de protection, conformément aux dispositions de la présente loi.

TITRE Ier.

DE LA RESTAURATION DES TERRAINS EN MONTAGNE.

ART. 2.

L'utilité publique des travaux de restauration rendus
nécessaires par la dégradation du sol, et des dangers nés
et actuels, ne peut être déclarée que par une loi.

La loi fixe le périmètre des terrains sur lesquels ces travaux doivent être exécutés.

Elle est précédée :

1° D'une enquête dans chacune des communes intéressées ;

2° D'une délibération des conseils municipaux de ces
communes ;

3° De l'avis du conseil d'arrondissement et de celui du
conseil général ;

4° De l'avis d'une commission spéciale composée : du
préfet ou de son délégué, président, avec voix prépon-
dérante ; d'un membre du conseil général et d'un membre
du conseil d'arrondissement, autres que ceux du canton où
se trouve le périmètre, délégués par leurs conseils res-
pectifs et toujours rééligibles, et dans l'intervalle des ses-
sions par la commission départementale ; de deux délégués
de la commune intéressée, désignés dans les mêmes conditions par le conseil municipal ; d'un ingénieur des ponts
et chaussées ou des mines, d'un agent forestier, ces deux
derniers membres nommés par le préfet.

Le procès-verbal des reconnaissances des terrains, le
plan des lieux et l'avant-projet des travaux proposés par
l'Administration des forêts restent déposés à la mairie
pendant l'enquête, dont la durée est fixée à trente jours.

Ce délai court du jour de la signification de l'arrêté pré-
fectoral qui prescrit l'ouverture de l'enquête et la convo-
cation du conseil municipal.

ART. 3.

La loi est publiée et affichée dans les communes intéressées ; un duplicata du plan du périmètre est déposé à la
mairie de chacune d'elles.

Le préfet fait en outre notifier aux communes, aux établissements publics et aux particuliers un extrait du projet
et du plan contenant les indications relatives aux terrains
qui leur appartiennent.

ART. 4.

Dans le périmètre fixé par la loi, les travaux de restauration seront exécutés par les soins de l'Administration et

aux frais de l'État, qui, à cet effet, devra acquérir, soit à l'amiable, soit par expropriation, les terrains reconnus nécessaires. Dans ce dernier cas, il sera procédé dans les formes prescrites par la loi du 3 mai 1841, à l'exception de celles qu'indiquent les articles 4, 5, 6, 7, 8, 9 et 10 du titre II et qui sont remplacées par celles des articles 2 et 3 de la présente loi.

Toutefois les propriétaires, les communes et les établissements publics pourront conserver la propriété de leurs terrains s'ils parviennent à s'entendre avec l'État avant le jugement d'expropriation, et s'engagent à exécuter dans le délai à eux imparti, avec ou sans indemnités, aux clauses et conditions stipulées entre eux, les travaux de restauration qui leur seront indiqués, et à pourvoir à leur entretien, sous le contrôle et la surveillance de l'administration forestière.

Ils pourront, à cet effet, constituer des associations syndicales, conformément aux dispositions de la loi du 21 juin 1865.

ART. 5.

Dans les pays de montagne, en dehors même des périmètres établis conformément aux dispositions qui précèdent, des subventions continueront à être accordées aux communes, aux associations pastorales, aux fruitières, aux établissements publics, aux particuliers, à raison des travaux entrepris par eux pour l'amélioration, la consolidation du sol, et la mise en valeur des pâturages.

Ces subventions consisteront soit en délivrance de graines ou de plants, soit en argent, soit en travaux.

ART. 6.

Le paragraphe 1er de l'article 224 du Code forestier, qui autorise le défrichement des jeunes bois pendant les vingt premières années après leur semis ou plantation, n'est applicable dans aucun cas aux reboisements effectués en exécution de la présente loi.

Mais les bois ainsi créés bénéficient sans exception de

l'exemption d'impôts établie pendant trente ans par l'article 226 du Code forestier.

TITRE II.

CONSERVATION DES TERRAINS EN MONTAGNE.

CHAPITRE Ier.

DE LA MISE EN DÉFENS.

ART. 7.

L'Administration des forêts pourra requérir la mise en défens des terrains et pâturages en montagne appartenant aux communes, aux établissements publics et aux particuliers, toutes les fois que l'état de dégradation du sol ne paraîtra pas encore assez avancé pour nécessiter des travaux de restauration.

Cette mise en défens est prononcée par un décret rendu en conseil d'Etat.

ART. 8.

Ce décret est précédé des enquêtes, délibérations et avis prescrits par le troisième paragraphe de l'article 2 de la présente loi.

Il détermine la nature, la situation et les limites du terrain à interdire. Il fixe, en outre, la durée de la mise en défens, sans qu'elle puisse excéder dix ans, et le délai pendant lequel les parties intéressées pourront procéder au règlement amiable de l'indemnité à accorder aux propriétaires pour privation de jouissance.

En cas de désaccord sur le chiffre de l'indemnité, il sera statué par le conseil de préfecture, après expertise contradictoire, s'il y a lieu, sauf recours au conseil d'Etat, devant lequel il sera procédé sans frais dans les mêmes formes et délais qu'en matière de contributions publiques.

Il pourra n'être nommé qu'un seul expert.

Dans le cas où l'Etat voudrait, à l'expiration du délai de

dix ans, maintenir la mise en défens, il sera tenu d'acquérir les terrains à l'amiable ou par voie d'expropriation publique, s'il en est requis par les propriétaires.

ART. 9.

L'indemnité annuelle sera versée à la caisse municipale.

La somme représentant la perte éprouvée par les communes, à raison de la suspension de l'exercice de leur droit d'amodier les pâturages ou de les soumettre à des taxes locales, sera affectée aux besoins communaux, et le surplus et même le tout, s'il y a lieu, sera distribué aux habitants par les soins du conseil municipal.

ART. 10.

Pendant la durée de la mise en défens, l'État pourra exécuter sur les terrains interdits tels travaux que bon lui semblera, pour parvenir plus rapidement à la consolidation du sol, pourvu que ses travaux n'en changent pas la nature, et sans qu'une indemnité quelconque puisse être exigée du propriétaire, à raison des améliorations que ces travaux auraient procurées à sa propriété.

ART. 11.

Les délits commis sur les terrains mis en défens seront constatés et poursuivis comme ceux commis dans les bois soumis au régime forestier. Il sera procédé à l'exécution des jugements conformément aux articles 209, 211, 212 et aux paragraphes 1er et 2 de l'article 210 du Code forestier.

CHAPITRE II.

DE LA RÉGLEMENTATION DES PATURAGES COMMUNAUX.

ART. 12.

Dans l'année qui suivra la promulgation de la présente loi, et à l'avenir avant le 1er janvier de chaque année, les communes dont les noms seront inscrits au tableau annexé au règlement d'administration publique prévu par l'article 23 devront transmettre au préfet du département un règlement indiquant la nature et les limites des terrains communaux soumis au pacage, les diverses espèces de bestiaux et le nombre de têtes à y introduire, l'époque du commencement et de la fin du pâturage, ainsi que les autres conditions relatives à son exercice.

ART. 13.

Si, à l'expiration du délai fixé par l'article précédent, les communes n'ont pas soumis à l'approbation du préfet le projet de règlement prescrit par le même article, il y sera pourvu d'office par le préfet, après avis d'une commission spéciale composée du secrétaire général ou du sous-préfet, président, d'un conseiller général et du plus âgé des conseillers d'arrondissement du canton, d'un délégué du conseil municipal de la commune et de l'agent forestier.

Il en sera de même dans les cas où les communes n'auraient pas consenti à modifier le règlement proposé par elles conformément aux observations de l'Administration.

ART. 14.

Les règlements mentionnés à l'article 13 ci-dessus seront rendus exécutoires par le préfet, si, dans le mois qui suivra l'accusé de réception de la délibération du conseil municipal, ils n'ont donné lieu à aucune contestation.

ART. 15.

Les contraventions aux règlements de pâturage intervenus dans les conditions fixées par les articles ci-dessus seront constatées et poursuivies dans les formes prescrites par les articles 137 et suivants du Code d'instruction criminelle, et, au besoin, par tous les officiers de police judiciaire.

Les contrevenants seront passibles des peines portées par les articles 471 du Code pénal et 474 en cas de récidive, modifiées, s'il y a lieu, par l'application de l'article 463.